エクセル統計
実用多変量解析編

柳井 久江 著

オーエムエス出版

● Windows，Excel は，米国 Microsoft Corporation の米国およびその他の国における登録商標です．
● Macintosh，MacOS は米国 Apple Computer,Inc の各国における商標です．

第3版への序文

　本書は 2005 年 7 月の初版以来，多数の実験室や研究室，研究者にご好評をもって迎えられ活用されておりますことを嬉しく思います．2014 年の第 7 刷まで，添付のアドインソフト Mulcel が増刷時に利用可能な Excel 上で正常に動作することを確認してまいりました．

　2022 年 11 月に改訂第 2 版を「多変量の相関」を追加して発行いたしました．添付のアドインソフト Mulcel2 を CD に収録し，利用環境は Windows と Macintosh と従来のままでした．しかし，今般のパソコン環境では CD は内蔵されておりませんし，Macintosh の Excel では Excel 2011 までサポートされていました VBA の互換性がなくなってしまいました．Excel 2011 のサポートも終了しております．このようなことから，第 3 版を発行し，アドインソフト Mulcel3 は書籍を購入されて，ユーザー登録していただいた方に出版社のウエブサイトからダウンロードしていただくことにしました．また Macintosh 版を削除いたしました．多くの Mac ユーザーにご愛用されていましたので残念ですが，仕方ありません．

　インターネットからダウンロードしたアドインソフトに関しては，Microsoft のセキュリティが強化されています．「解析の準備」の 10，11 頁をご熟読なさってください．

　さて第 3 版では「ロジスティック回帰分析による判別」を第 10 章として追加しました．

　「ロジスティック回帰分析」は 2023 年 9 月発行の姉妹書「4 Steps エクセル統計」第 5 版に追加した処理系です．同じ例題を使っておりますが，誤判別の項目を盛り込み，判別問題に適用させました．ソルバーへの数式設定は Excel の数式と操作をご理解いただいて，はじめて納得のいく結果が得られます．

　最後に，本書の構想や出版，ユーザーからの質問等を長年に渡って支援してくださった，OMS 出版の皆様に感謝いたします．

2024 年　初冬

柳井　久江

はじめに（第1版の序）

多変量解析は互いに意味のある関係があると考えられる多種類・複数のデータを目的に応じて分類，選択し，統計的分析を加える方法です．得られた結果の解釈から重要な関係の存在を発見したり，関係の深さを推定したりすることができます．これは文系，理系を問わずどの分野でも現状の認識，将来の予測に重要なことです．それだけに適用法，またその結果の解釈を誤ると，実際活動や計画に大きな支障を生じる可能性があります．統計処理法をブラックボックスのように扱ったり，機械的処理としてパソコン任せで結果だけを得て，それを経験的判断だけで利用しようとしたりするのは危険なことです．微分積分，線形代数を基本知識として統計理論を理解した上で多変量解析を利用する姿勢が望ましいことです．

本書では理論と実践のバランスを取りながら，多変量解析法の中から現在利用頻度の高いと思われる次の7つの手法を選び，それを21個の実践例を例題として示して解説しています．

　　　　重回帰分析　　　　正準相関分析
　　　　主成分分析　　　　クラスター分析
　　　　因子分析　　　　　数量化理論
　　　　判別分析

現在必要とする統計処理法の実践的マニュアルとしても，通読して多変量解析法の理解を深めるためにも利用できると思います．これらの例題は付録CDの例題フォルダに入れてあります．例題の解析手順は各章で具体的に詳しく解説します．

著者が作成した多変量解析アドインソフトMulcelは本書付録のCDに入っています．「4Stepsエクセル統計（第2版）」のアドインソフトStatcel2と同じように次のような手順でご利用ください．

① Excelのシート上に解析するデータを準備する．
② メニューバーの「多変量解析」から解析方法を選択する．
③ 現れたダイアログボックスにデータ範囲と出力範囲を入力し，データフォームを選択する．
④ 指定した出力範囲に解析結果が表示される．

クラスター分析では6種類，数量化理論では4種類の異なった手法を考えなくてはなりません．これらのことからも例題21個では実践的マニュアルとしては数が少なく，将来は例題を2倍，3倍に増やして実用のお役に立てるようにしたいと考えております．

2005年　夏

柳井　久江

目 次

0章　解析の準備

0-1　Mulcel について ……………………………………………………………… 9
- ・Mulcel の動作環境／9
- ・Mulcel のインストール：アドイン登録方法／10
- ・Mulcel の使用方法／18
- ・Mulcel の範囲指定／18
- ・Mulcel の画面表示／18
- ・Mulcel の解析内容／19

0-2　本書で扱う9つの基本的手法 ……………………………………………… 21
- ・分析における注意／22

0-3　23個の例題 ………………………………………………………………… 22

1章　重回帰分析

1-1　重回帰分析 …………………………………………………………………… 31
- ・決定係数（寄与率）(R^2)，重相関係数（R）／32
- ・自由度修正済み決定係数（R^{*2}）／32
- ・赤池の情報量基準（AIC）／33
- ・Y 評価の標準誤差／33
- ・ダービン・ワトソン比／33
- ・多重共線性／33
- ・分散分析表／33
- ・回帰係数の検定と区間推定／33
- ・重回帰分析で分析できるデータフォーム／34

1-2　変数選択－重回帰分析 ……………………………………………………… 44
- ・変数選択の基準／44
- ・変数選択−重回帰分析で検定できるデータフォーム／44

2章　主成分分析

- ・寄与率／52
- ・累積寄与率／52
- ・因子負荷量／52
- ・主成分得点／52
- ・主成分の採用／52
- ・主成分の考察／52
- ・主成分分析で分析できるデータフォーム／53

3章　因子分析

- ・共通性の推定／64
- ・因子負荷行列の推定／64
- ・因子数の設定／65
- ・因子の解釈／65
- ・因子軸の回転／66
- ・因子の寄与量，寄与率／66
- ・因子得点の推定／66
- ・因子分析で分析できるデータフォーム／66

4章　判別分析(1)　－2群の判別－

4-1　線形判別関数 ………………………………………………………………… 77
- ・誤判別の確率／78
- ・分散共分散行列の等分散性の検定／78
- ・線形判別関数の係数の検定／79
- ・線形判別関数で分析できるデータフォーム／79

4-2　2次判別関数 ………………………………………………………………… 86
- ・2次判別関数で分析できるデータフォーム／87

5章　判別分析(2) ― 多群の判別 ―

5-1　線形判別関数（変数選択） 93
- 判別の有意性の検定／94
- 係数の有意性の検定／94
- 変数の選択／94
- 線形判別関数（変数選択）で分析できるデータフォーム／94

5-2　正準判別分析 103
- 正準判別変量の有意性の検定／103
- 正準判別分析で分析できるデータフォーム／103

6章　正準相関分析

- 正準変量の解釈，正準負荷量と寄与率／110
- 交差負荷量と冗長性指数／110
- 正準相関係数の検定／110
- 正準相関分析で分析できるデータフォーム／110

7章　クラスター分析

- 階層的クラスター分析の考え方／123
- 階層的クラスター分析の方法／124
- 非類似度／125
- デンドログラム／126
- クラスター分析で分析できるデータフォーム／126

8章　数量化理論

8-1　数量化Ⅰ類 141
- 重相関係数 R，決定係数 R^2，自由度修正済み決定係数，Y 評価の標準誤差／142
- 範囲，偏相関係数／142
- 要因効果の検定／142
- 数量化Ⅰ類で分析できるデータフォーム／142

8-2　数量化Ⅱ類 148
- 相関比／148
- 範囲，偏相関係数／148
- 数量化Ⅱ類で分析できるデータフォーム／149

8-3　数量化Ⅲ類 158
- 数量化Ⅲ類で分析できるデータフォーム／158

8-4　数量化Ⅳ類 162
- 数量化Ⅳ類で分析できるデータフォーム／163

9章　多変量の相関

- ピアソンの相関係数／173
- スピアマンの順位相関係数／173
- ケンドールの順位相関係数／174
- 多変量の相関で分析できるデータフォーム／174

10章　ロジスティック回帰分析による判別

- ロジスティック回帰分析／179
- ロジスティック回帰分析で分析できるデータフォーム／181

付　　録／195
索　　引／208
参考図書・参考文献／209

0 解析の準備
Preparatory Course

　ここでは，多変量解析を行う前に知っておいていただきたいことをまとめました．Mulcel3 で解析を行う際の注意事項です．

0-1　Mulcel3 について

■ Mulcel3 の動作環境

　Mulcel3 は Excel のマクロ言語 Visual Basic for Applications で記述されたアドインソフトです．2024 年 10 月現在，次のバージョンの Excel で正常に動作することを確認しています．
　◆ Windows
　　・Microsoft 365　　　　・Office 365
　　・Excel 2021（32-bit 版および 64-bit 版 Windows 10, 11）
　　・Excel 2019（32-bit 版および 64-bit 版 Windows 10）
　　・Excel 2016（32-bit 版および 64-bit 版 Windows 7，8，8.1，10）
※バージョンによってはベンダーのサポートが終了している場合があります．
　WindowsOS，Excel のバージョンにご注意の上，安全な環境でご使用ください．
　◆ MacOS
※ Excel 2016 for Mac 以降のバージョンでは Excel 2011 までの VBA のサポート機能がなくなってしまっているため，現状 MacOS 版 Excel で Mulcel3 は使えません．

※ Excel や OS が改訂された場合，新しいバージョンでの動作確認等の情報は小社ホームページ（https://www.oms-publ.co.jp）に掲載してまいります．
※ 本文中には一部 MacOS 版の Excel を使用した画面を使用しております．
※ 改訂第 3 版発行にあたり，アドインソフトは「Mulcel3」を集録してありますが，**本文および画面画像は「Mulcel」という表記**になっている部分があります．

■ Mulcel3 は Microsoft Excel のアドインとして動きます

　Mulcel3 を使用するためには Excel にアドイン登録して使います．
　※ Excel アドインは，Excel に独自に作成された拡張機能を追加するするものです．
　※ Excel のアドインファイルは，拡張子が .xlam のファイルです．
　　Windows での Excel アドインの既定のフォルダは，
　　C:\ ユーザー \AppData\Roaming\Microsoft\AddIns
　　になります．
　一般的には，このフォルダにアドインファイルを入れて使いますが，Excel からアクセス可能なフォルダであれば，どこでも登録可能です．

■ Mulcel3 の入手方法

　Mulcel3 は 小社ホームページからダウンロードして入手できます．（巻末「Mulcel3 の利用登録とダウンロードの方法参照）．

■ Mulcel3 アドイン登録方法

　アドイン登録については，本書に記載する手順以外にもありますが，ここでは 2024 年 10 月現在での一般的な登録方法を記載します．トラブル等が発生した場合には小社ホームページに詳細を案内していますのでご覧ください．

■アドインソフトのセキュリティが厳しく変更されました

　2022 年 9 月から Microsoft の方針が改定され，アドインソフトに対するセキュリティが厳しくなり，インターネットから取得したマクロを含むファイルに対してブロックするよう標準仕様が変更されました．
　（参照：https://learn.microsoft.com/ja-jp/deployoffice/security/internet-macros-blocked）
　保護を解除する方法は本書にも記載いたしますが，Microsoft の運用方針が新しく変更される場合もありますので，より新しい情報は小社ホームページもしくは Microsoft のホームページにてご確認をお願いします．　　◆ 小社ホームページ（ https://www.oms-publ.co.jp ）

■保護を解除して「Mulcel3.xlam」を実行可能にする方法

　インターネットからダウンロードしたアドインファイルには Microsoft の新しい運用方針により，"MOTW"（"Mark of the Web"）というマークが Windows より付与されるため，以下のような警告が出て読み込みや実行がブロックされてしまうことがあります．

　これを解除するには，ダウンロードした「Mulcel3.xlam」を Desktop に保存し，右ボタンクリックでプロパティを表示，下段のセキュリティ項目の「□許可する」にチェック（✓）を入れ，適用をクリックします．

◇ Windows 11，Microsoft 365 Excel での Mulcel のアドイン登録方法

　ここでは Microsoft 365 Excel の画面を使って簡単に解説します．Excel のバージョンによって，表示されるメニュー表示，ウィンドウ，ダイアログボックスが異なりますが，基本的な流れは同じです．詳しくはお使いの Excel のマニュアルから「アドインの登録方法」をご参照ください．

1 ）ダウンロードした「Mulcel3.xlam」はユーザーの任意のフォルダに置くことができますが，本書ではより安定して使用していただくために Desktop に置いて登録する方法を記述します．Excel を起動した後，「ファイル」タブをクリックして，表示される一覧の中にある「オプション」をクリックします．

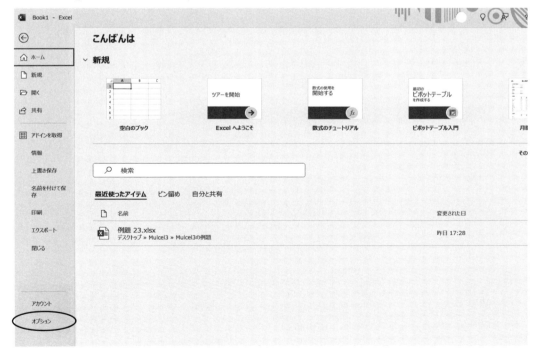

2）「Excel オプション」のダイアログで「アドイン」を選択し，「設定」をクリックします．

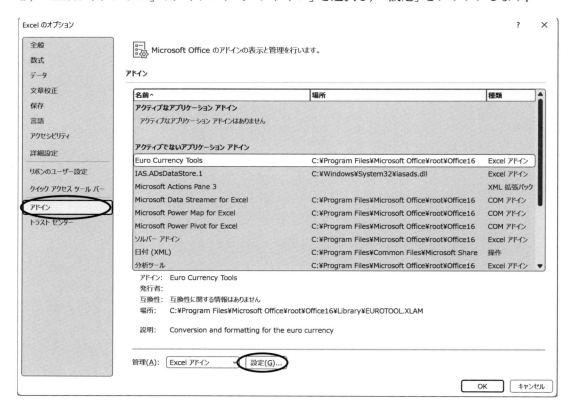

3）「アドイン」のダイアログボックスが現れます．「参照」をクリックします．

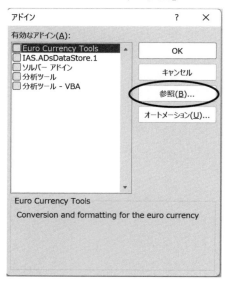

4)「ファイルの参照」でダウンロードしデスクトップに置いた「Mulcel3.xlam」を選択し，「OK」をクリックします．

5)「アドイン」ダイアログボックスの「有効なアドイン」のリストボックスに「多変量解析Mulcel」がチェックオンの状態で追加されます．「OK」をクリックします．

6)「アドイン」タブが追加されます．

7）「アドイン」リボンに「多変量解析」が登録されます．

8）クリックすると，Mulcel3 のメニューが表示されます．

　以上が **Microsoft 365 Excel** でのアドイン登録方法です．**Microsoft 365 Excel** では一度登録すれば，エクセルを再起動しても自動的に Mulcel3 が読み込まれます．

　Excel に登録されたアドインは，C:\ ユーザー \AppData\Roaming\Microsoft\AddIns フォルダにコピーされますので，次回以降はアドインが起動します．

◇ Excel の一部のバージョンではエクセルを再起動すると「アドイン」タブが消えている場合があります．

「アドイン」ライブラリにコピーされたことは次の方法で確認できます．
　11 頁の 1) ～ 12 頁の 2) の操作を行うと，「アドイン」のダイアログボックスが表示されます．アクティブなアプリケーションに「多変量解析 Mulcel3」があります．

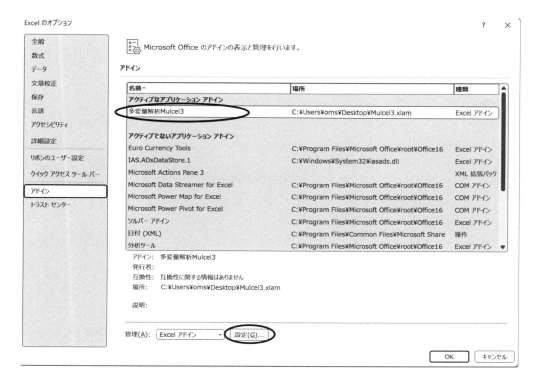

　「設定」をクリックして，表示される「アドイン」のダイアログボックスでも「多変量解析 Mulcel」がチェックオンの状態になっています．

◇消えてしまった「アドイン」タブを表示させる方法

1)「アドイン」のダイアログボックスで「多変量解析 Mulcel」がチェックオン状態であることを確認したら，「参照」をクリックします．

2)「ファイルの参照」で C:\ユーザー\AppData\Roaming\Microsoft\AddIns フォルダにある「Mulcel3.xlam」を選択し，「OK」をクリックします．

※このフォルダに「Mulcel3.xlam」がない場合は，デスクトップに保存してある「Mulcel3.xlam」を選択し，「OK」をクリックします．

3)「この場所に……という名前のファイルが既にあります．置き換えますか？」と問うダイアログボックスが現れますので，「はい」をクリックします．

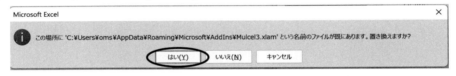

4)「アドイン」タブが追加され，アドインリボンに「多変量解析」が登録されます．

　Excel を終了し，再起動しても「アドイン」タブが表示されます．

◇**本書での解析手順の表記に関してのご注意**

　本書ではMulcelを使った解析手順を解説しています．その際，
メニューバーの「多変量解析」をクリックして統計手段を選択する表記や画面表示になっておりますが，最新版のExcelでは，「アドイン」リボンの「多変量解析」から選択します．したがって，本書における"メニューバーの「多変量解析」から×××を選んでください"という記述は，「アドイン」リボンの「多変量解析」から×××を選んでください」とご理解ください．「アドイン」リボンから「多変量解析」をクリックすると次のようなドロップダウンメニューが現れます．ここから該当するものを選んでください．

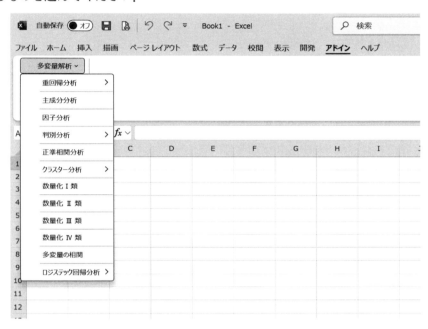

◇**アドイン登録の解除方法**

1）適当なファイルを開き，10頁，11頁「アドイン登録の方法」の1）　2）の操作を行ってください．
2）「アドイン」のダイアログボックスが現れます．「有効なアドイン：」リストボックスの「多変量解析Mulcel3」のチェックを消して，「OK」をクリックしてください．
　なお，いったんアドイン登録すると，「多変量解析Mulcel3」という文字は消えません．
3）「アドイン」リボンから「多変量解析」が消えます．

■ Mulcel3 の使用方法
1) Excel を起動します．メニューバー（「アドイン」リボン）に「多変量解析」が追加されています．
2) 表示されている表計算シートに解析をするデータを準備します．
3) メニューバー（「アドイン」リボン）の「多変量解析」をクリックして，「Mulcel3」で多変量解析を行います．それぞれの解析方法は本編で詳細に記述されていますが，基本的に，(1) 解析方法の選択，(2) 範囲・データフォームの設定の順で行います．

■ Mulcel3 の範囲指定
　上記 3)-(2) において，データ範囲，出力範囲を指定します．範囲指定の方法はマウスでその範囲を選択するのが一番簡単ですが（下図①），データ範囲が広いときは大変です．そのときはテキストボックスをクリックしてカーソルを移動させ，キーボードから入力します．
　現在表示中のワークシート以外の範囲でも指定できます．下図の例で言うと，データ範囲は現在の「Sheet1」，出力範囲を「Sheet2」に指定しています．現在表示されている「Sheet1」なら，「$B$2:$C$34」のように，ワークシート名をつけないで範囲を入力してもかまいません（下図②）．しかし，「Sheet2」を指定する場合は，「Sheet2!$A$1」のようにシート名の後に区切り文字「!」をつけて範囲を入力します（下図③）．なお，解析結果としてグラフが表示される解析を行う場合，必ずグラフのないワークシート上に出力範囲を指定してください．

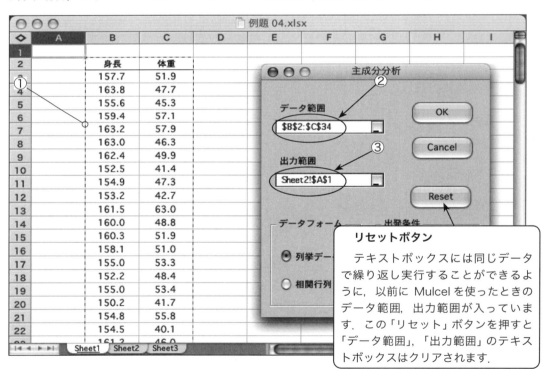

■ Mulcel3 の画面表示
　Mulcel3 の統計解析結果の画面表示は，ユーザーが設定したセルの列幅，行高に従います．Mulcel3 ではセルの列幅，行高に関して何もスタイル変更しておりません．数式バーを見ると，そのセル全体の値が表示されていますので，必要に応じて列幅を変更してください．

■ Mulcel3 の解析内容

メニューバーに追加された「多変量解析」をクリックしたときに現れるメニューとサブメニューについて，解析内容を要約すると次のようになります．

メニュー（★はサブメニュー）	解析内容（G はグラフ）
重回帰分析 　★重回帰分析 　★変数選択―重回帰分析 　　（変数増加法，変数減少法）	回帰式を求める．
	回帰式の有意性を検定する．
	回帰係数の有意性の検定する．
	実測値，予測値，残差（列挙データフォームのデータの場合）
	G：「実測値と予測値」，「予測値と残差」，「実測値と残差」のグラフ（列挙データフォームのデータの場合）
主成分分析	主成分を求める．
	寄与率，累積寄与率
	因子負荷量
	主成分得点（列挙データフォームのデータの場合）
	G：「主成分得点」のグラフ（列挙データフォームのデータの場合）
因子分析	因子負荷量と共通性を求める．
	共通性の推定方法 SMC 法と RMAX 法
	因子負荷行列の推定方法 主因子法（非反復解法と反復解法）
	因子軸の回転 バリマックス法
	因子の寄与量と寄与率
	因子得点の推定（列挙データフォームのデータの場合）
判別分析	判別関数を求める．
★2群の判別 → 線形判別関数	分散共分散行列の等分散性の検定
	マハラノビスの汎距離による線形判別関数
	誤判別の確率
	線形判別関数の係数の有意性の検定
	判別得点（列挙データフォームのデータの場合）
	正判別率（列挙データフォームのデータの場合）
	G：「判別得点」のグラフ（列挙データフォームのデータの場合）
★2群の判別 → 2次判別関数	分散共分散行列の等分散性の検定
	マハラノビスの汎距離による2次判別関数
	判別得点（列挙データフォームのデータの場合）
	正判別率（列挙データフォームのデータの場合）
	G：「判別得点」のグラフ（列挙データフォームのデータの場合）
★多群の判別 → 線形判別関数 　（変数選択） 　（変数増加法，変数減少法）	分散共分散行列の等分散性の検定
	マハラノビスの汎距離による線形判別関数
	係数の有意性の検定
	判別の有意性の検定
	判別得点と判別（列挙データフォームのデータの場合）
	正判別率（列挙データフォームのデータの場合）

（次頁に続く）

メニュー（★はサブメニュー）	解析内容（Gはグラフ）
★多群の判別 → 正準判別分析	正準判別変量を求める．
	固有値，固有ベクトル，相関比
	正準判別変量の有意性の検定
	正準判別変量値（列挙データフォームのデータの場合）
	G：「正準判別変量値」のグラフ（列挙データフォームのデータの場合）
正準相関分析	正準相関係数を求める．
	正準変量の標準化された係数，正準変量の係数
	正準負荷量と寄与率
	交差負荷量と冗長性指数
	正準相関係数の有意性の検定
	正準変量の得点（列挙データフォームのデータの場合）
	G：「第1正準変量」のグラフ（列挙データフォームのデータの場合）
クラスター分析　★量的データ　★質的データ	非類似度行列
	ユークリッド平方距離
	ミンコフスキー距離・・・ユークリッド距離，市街地距離
	マハラノビスの汎距離
	階層クラスター解析の方法
	最短距離法，最長距離法，群平均法，重心法，メディアン法，ウォード法
	G：「デンドログラム」
数量化Ⅰ類	外的基準の予測式を求める．
	クロス集計表
	カテゴリー数量，範囲，偏相関係数
	アイテムの有意性の検定
	観測値，予測値，残差
	外的基準の推定
	G：「観測値と予測値の散布図」，「予測値と残差の散布図」
数量化Ⅱ類	外的基準を判別する．
	クロス集計表
	相関比，カテゴリー数量，範囲，偏相関係数
	変量の得点
	G：「アイテムと外的基準の散布図」
数量化Ⅲ類	データ行列と周辺度数
	固有値，カテゴリー数量，サンプル数量
	G：「第1軸の散布図」，「第1-2軸の散布図」
数量化Ⅳ類	類似度行列と周辺度数
	固有値，固有ベクトル
	G：「第1軸の散布図」，「第1-2軸の散布図」
多変量の相関	相関係数を求める．
	相関係数の検定
	ピアソンの相関係数検定
	スピアマンの順位相関係数検定
	ケンドールの順位相関係数検定
ロジスティック回帰分析　★ソルバーへの数式の設定と実行　★回帰式の分析	回帰式を求める．
	回帰式の有意性を検定する．
	回帰係数の有意性を検定する．
	誤班別と誤判別率を求める．

0-2　本書で扱う9つの基本的手法

1 重回帰分析（Multiple Regression Analysis）
多くの変数から特定の変数を予測する手法．

2 主成分分析（Principal Component Analysis）
多くの変量から新たに少数の合成変量を求め，情報を集約する手法．

3 因子分析（Factor Analysis）
データが持つ潜在的な要因を見つけ出して，単純化した構造で分析する手法．

4 判別分析（Discriminant Analysis）
データ間の関係から所属するグループを見つける手法．

5 正準相関分析（Canonical Correlation Analysis）
変量群の間の関係を解明する手法．

6 クラスター分析（Cluster Analysis）
データの間の距離を定義して似たもの同士をグループにまとめる手法．
[1] 最短距離法　　[2] 最長距離法　　[3] 群平均法　　[4] 重心法　　[5] メディアン法　　[6] ウォード法

7 数量化理論（Quantification Theory）
質的なデータに数値を与えて解析を行う手法．
　　[1] 数量化Ⅰ類　　　[2] 数量化Ⅱ類　　　[3] 数量化Ⅲ類　　　[4] 数量化Ⅳ類

8 多変量の相関（Correlation of Multivariate）
複数の変量間の相関関係を調べる．
[1] ピアソンの相関係数　　[2] スピアマンの順位相関係数　　[3] ケンドールの順位相関係数

9 ロジスティック回帰分析による判別（Discriminant by logistic regression analysis）
ロジスティック回帰分析を理解し，ロジスティック回帰分析を判別問題に適用する．

　多変量解析は多くの変量を解析するというテーマで，変量とはいろいろな現象の起こるもとになる要因のことです．いろいろな要因が原因で結果が現れると考え，それを解明するために上記の手法が生まれました．
　原因と考えるものを説明変数といい，結果としてあつかうものを目的変数といいます．
　結果として現れたデータは長さ，物の個数のように数値であらわされるものを量的データ，数値であらわせないデータ，たとえば好き嫌い，病名などを質的データといいます．
　多変量解析はこれらにより分類すると次のようになります．

目的変数（結果）		分析したい内容	説明変数（原因）	
^^	^^	^^	量 的	質 的
ある	量的	関係式をつくる 量を推定する	重回帰分析 正準相関分析 多変量の相関	数量化Ⅰ類
ある	質的	関係式をつくる	ロジスティック回帰分析	ロジスティック回帰分析
ある	質的	質を推定する	判別分析	数量化Ⅱ類
ある	質的	データをグループに分ける	クラスター分析	クラスター分析
ない		変量を統合して整理する 変量を分類する 代表的な変量を見つける	主成分分析 因子分析	数量化Ⅲ類 数量化Ⅳ類

■ 分析における注意
① データに分析をほどこせば必ず期待した結論が得られるわけでないことを理解したうえで辛抱強く分析を試みます．
② データを処理して得た式について，何が何でも無理やり解釈を行うことについては十分注意します．解釈が無理かどうか判断するには専門的知識が必要です．
③「有効な結論が出ない」ことも重要な結論と考え大切な情報として保存します．
④ 分析の選択に注意します．　　⑤ 数学的理論付けも必要です．

0-3　23個の例題

Mulcelで取り扱う多変量解析の例を順に23個あげてその特徴をみます．

01　重回帰分析

次のデータは25人の健康な男性についてある検査をした結果です．
A，Bは運動負荷をかけたあとのある種の測定値，C1，C2，C3，C4は安静時の測定値です．
測定値Aを予測する回帰式を測定値Bと測定値C1，C2，C3，C4から求めなさい．
さらに，この回帰式が予測に役立つかどうか検定しなさい．

A	B	C1	C2	C3	C4
20	19	2	8.7	17.9	6.4
23	24	3	7.3	17.7	5.1
⋮	⋮	⋮	⋮	⋮	⋮
10	11	5	6.2	16.5	6.3
43	79	6	5.8	17.4	8.3

02　重回帰分析

中学3年生女子1000人の「身長」，「体重」，「座高」を測定して集計したところ，次のデータを得ました．このデータから，身長を予測する回帰式を求めなさい．この回帰式が予測に役立つかどうか検定しなさい．

◎ 平均と標準偏差

	平均	標準偏差
身長	156.7	5.8
体重	50.9	6.5
座高	84.8	2.1

◎ 相関行列

	身長	体重	座高
身長	1		
体重	0.61	1	
座高	0.74	0.34	1

03 変数選択－重回帰分析

例題 01 のデータを用いて，目的変数の予測に役立つ説明変数を選択しなさい．

04 主成分分析

20 歳代女性の健康診断データから，「身長」，「体重」について，主成分分析しなさい．

身長	体重
157.7	51.9
163.8	47.7
⋮	⋮
148.5	47.1
155.1	44.9

05 主成分分析

次のデータは 10 人の「数学」，「物理」，「化学」の試験の点数です．試験結果の良い順に順位を付けます．物理の平均点が低いのでこのまま合計すると不公平になるという意見が出ました．点数を補正して合計点を出すことにします．主成分分析を用いて考察してみましょう．

No.	数学	物理	化学	素点合計
1	98	28	90	217
2	70	43	82	197
⋮	⋮	⋮	⋮	⋮
9	81	20	82	192
10	47	45	82	184
平均点	71.9	43.6	80.3	

06 因子分析

主婦 10 人に日常生活について次のアンケートを取りました．
Q.1 体重をチェックしていますか？
　1．全然していない．　　2．あまりしていない．　　3．時々する．
　4．している．　　　　　5．毎日する．
Q.2 買い物は歩いて行きますか？
　1．全く歩かない．　　　2．あまり歩かない．　　　3．時々歩く．
　4．歩く．　　　　　　　5．必ず歩く．
Q.3 寝る 2 時間前は食べ物を口にしませんか？
　1．全く食べない．　　　2．あまり食べない．　　　3．時々食べる．
　4．食べる．　　　　　　5．必ず食べる．
このデータについて因子分析を行いなさい．

体　重	徒　歩	食べ物
4	3	2
3	3	4
⋮	⋮	⋮
3	4	1
2	3	5

07　因子分析

中学生1500人に国語，数学，英語，理科，社会の試験を行った結果の相関行列です．
これについて因子分析を行いなさい．

	国語	数学	英語	理科	社会
国語	1	0.28	0.45	0.15	0.75
数学	0.28	1	0.1	0.64	0.37
英語	0.45	0.1	1	0.48	0.38
理科	0.15	0.64	0.48	1	0.25
社会	0.75	0.37	0.38	0.25	1

08　判別分析：線形判別関数

健常人グループA群と患者グループB群に対して，血中のある物質X1とX2を測定したところ，次のデータを得ました．
このデータから健常人と患者とを判別する線形判別関数を求めなさい．
判別においてどの変量が大きくかかわっているか検定しなさい．
KさんはX1＝100，X2＝5.5でした．Kさんはどちらのグループに属すると考えられるでしょうか．

	X1	X2
A	85	5.5
	78	4.2
	⋮	⋮
	75	5.8
	88	4.5
B	135	8.2
	110	6.4
	⋮	⋮
	130	7.5
	148	9
	118	6.2

09　判別分析：2次判別関数

2グループA群，B群に対する肝機能検査のAST（GOT），ALT（GPT），γ-GTPの測定データを得ました．2群の判別関数を求めなさい．
OさんはAST＝25，ALT＝18，γ-GTP＝23でした．Oさんはどちらの群に属すると考えられるでしょうか．

	AST	ALT	γ-GTP
A	24	48	32
	15	15	13
	⋮	⋮	⋮
	26	43	32
	23	28	26
B	16	9	10
	21	14	7
	⋮	⋮	⋮
	19	9	15
	23	10	20

10 判別分析：線形判別関数（変数選択）

白血病患者の3グループA群，B群，C群に対する細胞表面マーカー CD2，CD3，CD4，CD5，CD7，CD8 の測定データより，3群を判別することができるか検討しなさい．
有用な変量を選択する変数選択法で判別関数を求めなさい．

	CD2	CD3	CD4	CD5	CD7	CD8
A	1	0	65	4	1	0
	2	1	0	2	75	1
	⋮	⋮	⋮	⋮	⋮	⋮
	4	1	49	1	1	0
	2	3	5	3	2	2
B	7	1	0	0	76	1
	0	0	14	1	4	0
	⋮	⋮	⋮	⋮	⋮	⋮
	13	1	2	16	22	1
	3	0	1	1	90	1
C	16	15	8	28	15	20
	2	1	1	1	2	1
	⋮	⋮	⋮	⋮	⋮	⋮
	1	1	0	1	2	1
	6	6	5	7	8	3

11 判別分析：正準判別分析

例題10について正準判別分析法で3群を判別しなさい．

12 正準相関分析

糖尿病と高脂血症との関係を調べる目的で次の血中物質を測定しました．糖尿病に関しては空腹時血糖値，ヘモグロビンA1c（HbA1c），高脂血症に関しては総コレステロール（TC），中性脂肪（TG），HDLコレステロールとしました．健常人と，高血糖と思われる人，合わせて13人のデータです．糖尿病と高脂血症との関係を分析しなさい．

糖尿病		高脂血症		
血糖値	HbA1c	TC	TG	HDL
75	3.7	199	75	95
78	4.2	137	30	76
⋮	⋮	⋮	⋮	⋮
137	5.9	282	155	86
148	9	255	180	73

13 正準相関分析

学生80人の期末試験の結果について，前期（X）の3科目，X1，X2，X3と後期（Y）の4科目，Y1，Y2，Y3，Y4を集計したところ，次の相関行列を得ました．
前期と後期の成績の関係をこのデータから分析しなさい．

	X1	X2	X3	Y1	Y2	Y3	Y4
X1	1	0.932	0.878	0.416	0.065	0.242	0.296
X2	0.932	1	0.804	0.294	0.007	0.198	0.213
X3	0.878	0.804	1	0.51	0.08	0.233	0.141
Y1	0.416	0.294	0.51	1	0.81	0.778	0.445
Y2	0.065	0.007	0.08	0.81	1	0.805	0.671
Y3	0.242	0.198	0.233	0.778	0.805	1	0.691
Y4	0.296	0.213	0.141	0.445	0.671	0.691	1

14 クラスター分析：量的データの例

次のデータは平成15年の関東地方の都県別の人口千対の出生率と死亡率を表す人口動態です．
都県の分類を試みなさい．

	出生率	死亡率
茨城	9	8.3
栃木	9.1	8.5
群馬	9.2	8.5
埼玉	9.1	6.4
千葉	8.9	6.8
東京	8.2	7.3
神奈川	9.4	6.4

15 クラスター分析：質的データの例

次の表は30歳代女性10人の余暇についての回答表です。
 1．ガーデニング　　2．ドライブ　　3．読書　　　　　4．スポーツ
 5．音楽鑑賞　　　　6．映画鑑賞　　7．グルメ食べ歩き　8．パソコン
表中の数値1は選択した項目を意味しています．（複数選択可能）
余暇の分類を行いなさい．次に，回答者について分類しなさい．

	ガーデニング	ドライブ	読書	スポーツ	音楽鑑賞	映画鑑賞	グルメ	パソコン
1	1	0	0	0	1	0	1	0
2	1	1	0	1	0	0	0	0
3	1	0	1	0	1	1	1	0
4	0	1	0	0	0	0	1	1
5	1	0	1	0	1	0	0	0
6	1	0	0	0	1	0	0	1
7	0	1	1	1	0	0	0	0
8	0	0	1	0	1	1	0	0
9	0	1	0	1	0	0	0	1
10	1	1	0	1	0	0	1	1

16 数量化Ⅰ類

治療薬の効果について薬別,性別,年齢群別に集計したところ,次のデータを得ました.薬別,性別,年齢群によって治療薬の効果を推定しなさい.

効果	治療薬	性別	年齢群
26	A	女	壮年者
27	B	女	高齢者
⋮	⋮	⋮	⋮
27	B	女	壮年者
34	B	男	高齢者

17 数量化Ⅱ類

兄弟の有無を性格によって分析する目的で,大学生に次のアンケートを取りました.
　Q.1　あなたは好奇心旺盛ですか.　　　　　1.はい　　2.いいえ
　Q.2　あなたは計画的に物事を処理しますか.　1.はい　　2.いいえ
　Q.3　あなたは自制心が強いですか.　　　　 1.はい　　2.いいえ
　Q.4　あなたは協調性がありますか.　　　　 1.はい　　2.いいえ
　Q.5　あなたは兄弟がいますか.　　　　　　 1.いる　　2.なし

次のデータより,数量化Ⅱ類による分析を行いなさい.
次に,Q.5に答えないで,アンケートの答えを順に(2,2,1,1)としたKさんに兄弟がいるかどうか判別しなさい.
外的基準は兄弟の有無です.第1列に外的基準を配置します.

兄 弟	好奇心	計画性	自制心	協調性
1	1	1	1	1
1	2	2	1	2
⋮	⋮	⋮	⋮	⋮
2	2	2	2	2
2	1	1	2	2

18 数量化Ⅱ類

治療薬の効果を3段階に分類し,薬別,性別,年齢群別に集計したところ,次のデータを得ました.数量化Ⅱ類によって,治療薬の効果を分析しなさい.

効 果	治療薬	性 別	年齢群
1	A	女	壮年者
2	B	女	高齢者
⋮	⋮	⋮	⋮
2	B	女	壮年者
3	B	男	高齢者

19 数量化III類

次の表は 30 歳代女性 10 人の余暇についての回答表です．
  1. ガーデニング　　2. ドライブ　　3. 読書
  4. スポーツ　　　　5. 音楽鑑賞　　6. 映画鑑賞
  7. グルメ食べ歩き　8. パソコン
表中の数値 1 は選択した項目を意味しています．（複数選択可能）
このデータを数量化III類で分析しなさい．

	ガーデニング	ドライブ	読書	スポーツ	音楽鑑賞	映画鑑賞	グルメ	パソコン
1	1	0	0	0	1	0	1	0
2	1	1	0	1	0	0	0	0
3	1	0	1	0	1	1	1	0
4	0	1	0	0	0	0	1	1
5	1	0	1	0	1	0	0	0
6	1	0	0	0	1	0	0	1
7	0	1	1	1	0	0	0	1
8	0	0	1	0	1	1	0	0
9	0	1	0	1	0	0	0	1
10	1	1	0	1	0	0	1	1

20 数量化IV類：質的データの例

ある疾患の治療薬 A，B，C の有効性を 10 人の医師 d1, d2, …, d10 がチェック（複数選択可）をして，次のデータを得ました．治療薬の評価の類似度を解析しなさい．また医師の評価の類似度についても解析しなさい．数値 1 は有効を意味しています．

	A	B	C
d1	1	0	1
d2	1	1	0
⋮	⋮	⋮	⋮
d9	0	1	1
d10	1	0	0

21 数量化IV類：類似度行列の例

次のデータは平成 15 年の関東地方の都県別の人口千対の出生率と死亡率を表す人口動態です．都県の類似度をいくつかの類似度行列について分析しなさい．

	出生率	死亡率
茨城	9	8.3
栃木	9.1	8.5
群馬	9.2	8.5
埼玉	9.1	6.4
千葉	8.9	6.8
東京	8.2	7.3
神奈川	9.4	6.4

(1) ユークリッドの平方距離
類似度行列　ユークリッド平方距離

	茨城	栃木	群馬	埼玉	千葉	東京	神奈川
茨城		-0.05	-0.08	-3.62	-2.26	-1.64	-3.77
栃木	-0.05		-0.01	-4.41	-2.93	-2.25	-4.5
群馬	-0.08	-0.01		-4.42	-2.98	-2.44	-4.45
埼玉	-3.62	-4.41	-4.42		-0.2	-1.62	-0.09
千葉	-2.26	-2.93	-2.98	-0.2		-0.74	-0.41
東京	-1.64	-2.25	-2.44	-1.62	-0.74		-2.25
神奈川	-3.77	-4.5	-4.45	-0.09	-0.41	-2.25	

(2) ユークリッド距離
類似度行列　ミンコフスキー距離　k＝2　（ユークリッド距離）

	茨城	栃木	群馬	埼玉	千葉	東京	神奈川
茨城		-0.22361	-0.28284	-1.90263	-1.50333	-1.28062	-1.94165
栃木	-0.22361		-0.1	-2.1	-1.71172	-1.5	-2.12132
群馬	-0.28284	-0.1		-2.10238	-1.72627	-1.56205	-2.1095
埼玉	-1.90263	-2.1	-2.10238		-0.44721	-1.27279	-0.3
千葉	-1.50333	-1.71172	-1.72627	-0.44721		-0.86023	-0.64031
東京	-1.28062	-1.5	-1.56205	-1.27279	-0.86023		-1.5
神奈川	-1.94165	-2.12132	-2.1095	-0.3	-0.64031	-1.5	

(3) 市街地距離
類似度行列　ミンコフスキー距離　k＝1　（市街地距離）

	茨城	栃木	群馬	埼玉	千葉	東京	神奈川
茨城		-0.3	-0.4	-2	-1.6	-1.8	-2.3
栃木	-0.3		-0.1	-2.1	-1.9	-2.1	-2.4
群馬	-0.4	-0.1		-2.2	-2	-2.2	-2.3
埼玉	-2	-2.1	-2.2		-0.6	-1.8	-0.3
千葉	-1.6	-1.9	-2	-0.6		-1.2	-0.9
東京	-1.8	-2.1	-2.2	-1.8	-1.2		-2.1
神奈川	-2.3	-2.4	-2.3	-0.3	-0.9	-2.1	

(4) マハラノビスの汎距離
類似度行列　マハラノビスの汎距離

	茨城	栃木	群馬	埼玉	千葉	東京	神奈川
茨城		-0.11333	-0.32179	-3.94184	-2.499	-5.54568	-4.94385
栃木	-0.11333		-0.06909	-4.74494	-3.4063	-7.21043	-5.32882
群馬	-0.32179	-0.06909		-4.82667	-3.76197	-8.53031	-4.99602
埼玉	-3.94184	-4.74494	-4.82667		-0.44369	-6.41886	-0.62179
千葉	-2.499	-3.4063	-3.76197	-0.44369		-3.63321	-1.8873
東京	-5.54568	-7.21043	-8.53031	-6.41886	-3.63321		-10.7551
神奈川	-4.94385	-5.32882	-4.99602	-0.62179	-1.8873	-10.7551	

22　多変量の相関

A市の20歳代の女性の健康診断データから，相関行列を求め，相関係数を分析しなさい．

身長	体重	赤血球数	血色素数
157.7	51.9	461	13.3
163.8	47.7	426	14.3
155.6	45.3	443	13.8
159.4	57.1	429	13.7
163.2	57.9	430	12.9
163.0	46.3	422	13.2
⋮	⋮	⋮	⋮
156.4	54.6	469	13.9
165.7	48.8	410	12.9
149.1	41.5	486	14.2
165.7	51.5	442	13.6
162.9	51.7	422	13.3
174.4	77.0	469	14.5
154.9	51.4	432	13.1
148.5	47.1	489	14.2
155.1	44.9	407	12.8

23　ロジスティック回帰分析による判別

肝機能障害の有無を性別，γ-GTP，飲酒量によって判別できるか，回帰式を導きたい．ロジスティック回帰分析を適用しなさい．この回帰式が予測に役立つかどうか検定しなさい．また推定値によって誤判別率を求めなさい．

肝機能障害	性別	γ-GTP	飲酒量
なし	女	10	飲まない
なし	女	7	時々飲む
あり	男	40	よく飲む
なし	女	11	飲まない
あり	男	52	毎日飲む
なし	男	35	よく飲む
あり	男	61	毎日飲む
なし	女	12	飲まない
⋮	⋮	⋮	⋮
なし	女	10	時々飲む
あり	男	55	毎日飲む
あり	女	9	よく飲む
なし	男	38	飲まない
なし	女	28	時々飲む
なし	女	15	時々飲む
なし	女	9	飲まない
なし	男	38	時々飲む

1 重回帰分析
Multiple Regression Analysis

1-1 重回帰分析 Multiple Regression Analysis

テーマ 　　多くの変数から特定の変数を予測する．

予測する変数を**目的変数**（criterion variable）または従属変数（dependent variable），予測に用いる変数を**説明変数**（explanatory variable）または独立変数（independent variable）といいます．

重回帰分析は多変量解析では使用頻度の高い分析法です．目的変数 y の値を説明変数 $x_1, x_2, \cdots, x_q$ から予測するために

$$y = b_0 + b_1 x_1 + b_2 x_2 + \cdots + b_q x_q$$

という1次式を求めます．

たとえば，人の寿命 y（目的変数）が健康診断のいくつかの検査項目 $x_1, x_2, \cdots, x_q$（説明変数）で予測しようとして，次の1次式で表現できたとします．

$$y = b_0 + b_1 x_1 + b_2 x_2 + \cdots + b_q x_q$$

この1次式で検査する人の寿命が予測できるならば，どこを改善したらよいかわかり健康管理に大きな貢献になります．重回帰分析はこのように1次式で表現できるテーマを扱います．

目的変数 y と q 個の説明変数 $x_1, x_2, \cdots, x_q$ に関して次のような n 個の実測値が得られているとします．

y	x_1	x_2	$\cdots$	x_q
y_1	x_{11}	x_{21}	$\cdots$	x_{q1}
y_2	x_{12}	x_{22}	$\cdots$	x_{q2}
$\vdots$	$\vdots$	$\vdots$	$\vdots$	$\vdots$
y_n	x_{1n}	x_{2n}	$\cdots$	x_{qn}

　求める1次式を**(線形)重回帰式**といいます．「重」を取って単に**回帰式**ともいいます．

　求める回帰式を $y = b_0 + b_1 x_1 + b_2 x_2 + \cdots + b_q x_q$ としたとき，得られている n 個の値 $(x_{1i}, x_{2i}, \cdots, x_{qi})$ $(i = 1, 2, \cdots, n)$ の実測値 y_i と回帰式上の予測値 $\hat{y}_i = b_0 + b_1 x_{1i} + b_2 x_{2i} + \cdots + b_q x_{qi}$ との差 $y_i - \hat{y}_i$ の平方和 $\sum_{i=1}^{n}(y_i - \hat{y}_i)^2$ を最小にする $b_0, b_1, \cdots, b_q$ を求めます．この考え方を**最小2乗法** (least squares method) といいます．b_0 は定数項，$b_1, b_2, \cdots, b_q$ は**(偏)回帰係数**と呼ばれています．実測値 y_i と予測値 $\hat{y}_i$ との差 $e = y_i - \hat{y}_i$ を**残差**といい，$S_e = \sum_{i=1}^{n}(y_i - \hat{y}_i)^2$ を**残差平方和**といいます．回帰式がデータによくあてはまっているかどうかの評価には残差平方和 S_e を用います．

　平均を $\bar{y} = \sum_{i=1}^{n} y_i / n$ とするとき，$y_i - \bar{y}$ を**偏差**といいます．

$$S_T = \sum_{i=1}^{n}(y_i - \bar{y})^2, \quad S_R = \sum_{i=1}^{n}(\hat{y}_i - \bar{y})^2$$

とおくと，

$$S_T = S_R + S_e$$

の関係が成り立ち，S_T は全変動を，S_R は回帰式で説明できる変動を，残差平方和 S_e は回帰式では説明できない変動を意味します．

■ 決定係数（寄与率）(R^2)，重相関係数 (R)

　全変動のうち回帰式で説明できる部分の割合を**決定係数**（寄与率）といい，R^2 で表します．

$$R^2 = \frac{S_R}{S_T} = 1 - \frac{S_e}{S_T}$$

　R^2 が大きければ回帰式はデータによくあてはまっており，小さければあまりよくあてはまっていないと判断されます．

　実測値と予測値との相関係数を**重相関係数**といい，決定係数の平方根になっています．

■ 自由度修正済み決定係数 (R^{*2})

　決定係数や重相関係数は説明変数の数を多くすればするほど，その変数が有用なものであろうとなかろうと高い値になっていくという性質をもっています．そこで無意味な変数を説明変数として使ったときには値が下がるように，説明変数の数やデータ数で補正したものを**自由度修正済み決定係数**といい，R^{*2} で表します．

■ 赤池の情報量基準（AIC）

赤池の情報量基準（AIC）は自由度修正済み決定係数と同様な意味をもちます．無意味な変数を説明変数として使ったときには値が上がり，AICの値が小さいほど望ましいと判断されます．

■ Y評価の標準誤差

残差の標準偏差を**Y評価の標準誤差**といい，これを2乗したものが**残差分散**（V_e）と呼ばれ，回帰式の有意性を検定する際に必要となります．

■ ダービン・ワトソン比

時系列的なデータを用いて重回帰分析を行った場合，組み込まれなかった変数の影響で，誤差項に**系列相関**が生じることがあります．ダービン・ワトソン比は系列相関があるかどうかを表す目安ととらえることができます．この値が2前後ならば，系列相関はないものと考えられます．
※ 重回帰分析では誤差項は無相関を仮定しています

■ 多重共線性

説明変数の中に互いに相関の高い変数が含まれている場合，回帰係数の推定値の精度が悪くなります．このような場合を**多重共線性**（multicollinearity）**の問題**と言います．

多重共線性を検出するために，**分散拡大要因**（variance inflation factor，VIF）が用いられます．VIFが大きいと多重共線性が問題になります．

■ 分散分析表

重回帰分析の分散分析表は次のようになります．分散分析表によって回帰式の有意性を検定できます．

要因	偏差平方和	自由度	平均平方	F値	P値	F(0.05)	F(0.01)
回帰	S_R	f_R	V_R	F	P	$F_{n-q-1}^{q}(0.05)$	$F_{n-q-1}^{q}(0.01)$
残差	S_e	f_e	V_e				
計	S_T	f					

境界値による判定では$F \geqq F_{n-q-1}^{q}(0.05)$ならば危険率5%で，$F \geqq F_{n-q-1}^{q}(0.01)$ならば，危険率1%で回帰式は有意であり，説明変数は目的変数の予測に役立っていると判定されます．

P値による判定では，$P \leqq 0.05$ならば危険率5%で，$P \leqq 0.01$ならば危険率1%で回帰式は有意と判定されます．

■ 回帰係数の検定と区間推定

母回帰式を

$$y = \beta_0 + \beta_1 x_1 + \beta_2 x_2 + \cdots + \beta_q x_q + \varepsilon$$

とし，$b_0, b_1, b_2, \cdots, b_q$は$\beta_0, \beta_1, \beta_2, \cdots, \beta_q$の推定値と考えます．$\varepsilon$は誤差項目です．$\beta_0, \beta_1, \beta_2, \cdots, \beta_q$が0であると回帰式に統計的な意味がないということになります．

得られた回帰式に説明変数がどの程度寄与しているかは，回帰係数を検定して判断します．変数の単位の取り方をそろえるように，すべての変数$y, x_1, x_2, \cdots, x_q$を平均0，分散1に標

準化した係数を**標準(偏)回帰係数**といいます.

目的変数 y と説明変数 x_i の相関係数を**偏相関係数**といいます.他の説明変数の影響を取り除いたときの相関係数です.

Mulcel では回帰係数の有意性と信頼区間が表の形式で表示されます.説明変数や定数項について,予測に役立っているかどうか判断できます.

P 値による判定で,$P \leqq 0.05$ ならば危険率 5% で,$P \leqq 0.01$ ならば危険率 1% で有意であり予測に役立っていると判定されます.また信頼区間に 0 (ゼロ) が含まれないとき,有意であるとみることができます.

■ 重回帰分析で分析できるデータフォーム

① 列挙データフォーム

第 1 列を目的変数とします.

目的変数名	説明変数名 1	説明変数名 2	⋯⋯	説明変数名 q
数値	数値	数値	⋯⋯	数値
⋮	⋮	⋮		⋮
数値	数値	数値	⋯⋯	数値

② 集計済みデータフォーム

次の (1)~(3) の情報が決められたレイアウトでセルに入力されているとき,集計済みデータフォームで分析できます.

(1) データの個数,目的変数と説明変数を合わせた変数の個数

データ数	変数の数
数値	数値

(2) 各変数のデータの平均と不偏分散

変数	平均	不偏分散
目的変数名	数値	数値
説明変数名 1	数値	数値
⋮	⋮	⋮
説明変数名 q	数値	数値

(3) 各変数のデータの分散共分散行列,または相関行列

・分散共分散行列

	目的変数名	説明変数名 1	⋯⋯	説明変数名 q
目的変数名	数値	数値	⋯⋯	数値
説明変数名 1	数値	数値	⋯⋯	数値
⋮	⋮	⋮		⋮
説明変数名 q	数値	数値	⋯⋯	数値

・相関行列

	目的変数名	説明変数名 1	‥‥‥	説明変数名 q
目的変数名	1	数値	‥‥‥	数値
説明変数名 1	数値	1		数値
・	・	数値		・
・	・	・		・
・	・	・		・
説明変数名 q	数値	数値	‥‥‥	1

【Excel のシート上のレイアウト】

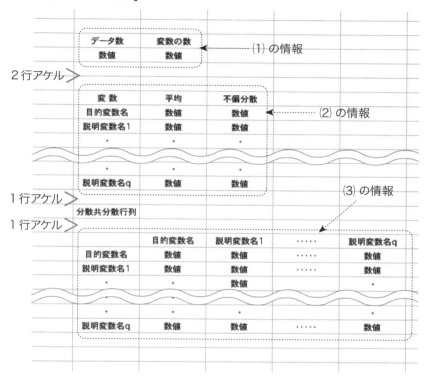

データ範囲の**先頭行**の第 1 列に「データ数」，第 2 列に「変数の数」という文字列を入力し，第 2 行のそれぞれにデータ数の数値と，変数の個数の数値を入力します．説明変数の個数が q 個ならば q + 1 に相当する数値を入力します．

2 行の空白行をおいて，**第 5 行**の第 1 列に「変数」，第 2 列に「平均」，第 3 列に「不偏分散」という文字列を入力します．**第 6 行**には「目的変数」の変数名の文字列，平均の数値，不偏分散の数値を入力します．q 個の「説明変数」について，変数名の文字列と平均の数値，不偏分散の数値を入力します．

次に **1 行の空白行**をおいて，第 1 列に「分散共分散行列」という文字列を入力します．

次に必ず，**1 行の空白行**をおいて，分散共分散行列を入力します．

「相関行列」で分析する場合は各変数の平均と不偏分散を入力したあと，**1 行の空白行**をおいて，第 1 列に「相関行列」という文字列を入力します．次に必ず，**1 行の空白行**をおいて，相関行列を入力します．

例題 01 ■ 重回帰分析

次のデータは25人の健康な男性についてある検査をした結果です．
A, Bは運動負荷をかけたあとのある種の測定値，C1, C2, C3, C4は安静時の測定値です．
測定値Aを予測する回帰式を測定値Bと測定値C1, C2, C3, C4から求めなさい．
さらに，この回帰式が予測に役立つかどうか検定しなさい．

❖ 準備するデータ

列挙データフォーム

A	B	C1	C2	C3	C4
20	19	2	8.7	17.9	6.4
23	24	3	7.3	17.7	5.1
48	63	2	8.7	17.9	6.4
47	60	5	6.2	16.5	6.3
23	20	4	6.9	17.2	7.8
11	14	3	7.3	17.7	5.1
20	41	6	5.8	17.4	8.3
26	34	5	6.2	16.5	6.3
32	34	2	8.7	17.9	6.4
63	84	3	7.3	17.7	5.1
46	62	3	7.3	17.7	5.1
14	20	6	5.8	17.4	8.3
42	50	5	6.2	16.5	6.3
46	65	4	6.9	17.2	7.8
58	80	2	8.7	17.9	6.4
13	12	4	6.9	17.2	7.8
30	53	6	5.8	17.4	8.3
58	87	5	6.2	16.5	6.3
12	15	2	8.7	17.9	6.4
60	82	4	6.9	17.2	7.8
11	10	6	5.8	17.4	8.3
35	40	3	7.3	17.7	5.1
38	43	4	6.9	17.2	7.8
10	11	5	6.2	16.5	6.3
43	79	6	5.8	17.4	8.3

❖ データの解析手順

列挙データフォームのデータをMulcelで解析する手順を解説します．
1) 列挙データフォームのデータを準備します．

2) メニューバーの「多変量解析」から「重回帰分析」を選択すると，サブメニューが現れます．ここから「重回帰分析」を選択します．

3) 「範囲・データフォーム」のダイアログボックスが現れます．必要な設定の後，「OK」ボタンを押します．（範囲指定の詳細は18頁）

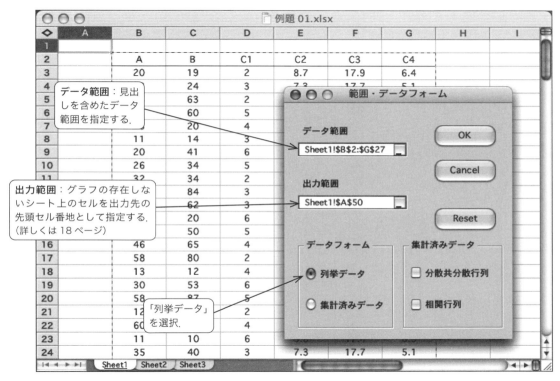

4) しばらくして，計算結果が表示されます．

❖ 解析結果の分析

- データ数，変数の数が表示され，各変数の「平均」，「不偏分散」，「標準偏差」，「標準誤差」が表示されます．続いて「分散共分散行列」，「相関行列」が表示されます．
- 「重相関係数」，「決定係数」，「自由度修正済み決定係数」，「Y評価値の標準誤差」，「赤池の情報基準量」，「ダービン・ワトソン比」が表示されます．
- 次に「分散分析表」が表示されます．F値とP値によって回帰式の有意性を判定できます．F値の危険率5%と危険率1%の境界値が表示されていますので，F値が境界値以上のときは，危険率5%あるいは危険率1%で，回帰式は予測に役立つと判定されます．また，P値が示す危険率（$P \leq 0.05$ならば危険率5%，$P \leq 0.01$ならば危険率1%）で回帰式が予測に役立つと判定されます．
- 次に回帰係数の有意性の検定と危険率5%での信頼区間が表示されます．P値が示す危険率（$P \leq 0.05$ならば危険率5%，$P \leq 0.01$ならば危険率1%）で回帰係数が予測に役立つと判定されます．
- 列挙データフォームのデータからの解析の場合は，実測値，予測値，残差をもとに，「実測値と予測値」，「予測値と残差」，「実測値と残差」の3つのグラフが表示されます．

重回帰分析

データ数	変数の数
25	6

変数	平均	不偏分散	標準偏差	標準誤差
A	33.16	297.64	17.25225	3.450449
B	44.08	680.2433	26.08147	5.216295
C1	4	2.083333	1.443376	0.288675
C2	6.98	1.055833	1.027538	0.205508
C3	17.34	0.244167	0.494132	0.098826
C4	6.78	1.364167	1.167975	0.233595

分散共分散行列

	A	B	C1	C2	C3	C4
A	297.64	430.695	-4.125	2.2075	-0.52333	-3.68833
B	430.695	680.2433	0.083333	-0.4775	-0.97417	-1.56917
C1	-4.125	0.083333	2.083333	-1.4375	-0.45833	1.041667
C2	2.2075	-0.4775	-1.4375	1.055833	0.34875	-0.56083
C3	-0.52333	-0.97417	-0.45833	0.34875	0.244167	-0.09708
C4	-3.68833	-1.56917	1.041667	-0.56083	-0.09708	1.364167

相関行列

	A	B	C1	C2	C3	C4
A	1	0.957177	-0.16565	0.124525	-0.06139	-0.18304
B	0.957177	1	0.002214	-0.01782	-0.07559	-0.05151
C1	-0.16565	0.002214	1	-0.96924	-0.64263	0.617896
C2	0.124525	-0.01782	-0.96924	1	0.686868	-0.46731
C3	-0.06139	-0.07559	-0.64263	0.686868	1	-0.16822
C4	-0.18304	-0.05151	0.617896	-0.46731	-0.16822	1

データ数		25
重相関係数 R		0.982387
決定係数 R2		0.965085
自由度修正済み決定係数		0.955897
Y評価値の標準誤差		3.62311
赤池の情報量基準		142.4526
ダービン・ワトソン比		1.297303

分散分析表

要因	偏差平方和	自由度	平均平方	F値	P値	F(0.05)	F(0.01)
回帰	6893.948	5	1378.79	105.0352	3.64E-13	2.740058	4.170767
残差	249.4116	19	13.12692				
計	7143.36	24					

回帰係数の有意性の検定と信頼区間

	回帰係数	標準誤差	標準回帰係数	偏相関係数	t値	F値	P値	95%下限	95%上限
B	0.624759	0.028509	0.944493	0.980787	21.91458	480.2487	6.01-E15	0.565089	0.684428
C1	-8.25093	3.203580	-0.6903	-0.5087	-2.57553	6.63337	0.018526	-14.9561	-1.54576
C2	-6.30475	4.017472	-0.37551	-0.33874	-1.56933	2.462805	0.133075	-14.7134	2.103916
C3	-5.60702	2.133026	-0.16059	-0.51642	-2.62867	6.909899	0.016540	-10.0715	-1.14254
C4	1.32423	1.125042	0.08965	0.260696	1.177049	1.385445	0.253711	-1.03051	3.678970
定数項	170.8789	48.68945			3.509568	12.31707	0.002344	68.97073	272.7871

No.	実測値	予測値	残差
1	20	19.5056	0.494398
2	23	22.60502	0.394977
3	48	46.99498	1.005023
4	47	43.8472	3.152801
5	23	20.75589	2.244108
6	11	16.35744	-5.35744
7	20	23.8499	-3.8499
8	26	27.60348	-1.60348
9	32	28.87698	3.12302
10	63	60.09053	2.909466
11	46	46.34585	-0.34585
12	14	10.72997	3.270026
13	42	37.59961	4.400386
14	46	48.87003	-2.87003
15	58	57.61587	0.384127
16	13	15.75782	-2.75782
17	30	31.34701	-1.34701
18	58	60.71568	-2.71568
19	12	17.00657	-5.00657
20	60	59.49092	0.509079
21	11	4.482389	6.517611
22	35	32.60116	2.398841
23	38	35.12534	2.874662
24	10	13.23403	-3.23403
25	43	47.59073	-4.59073

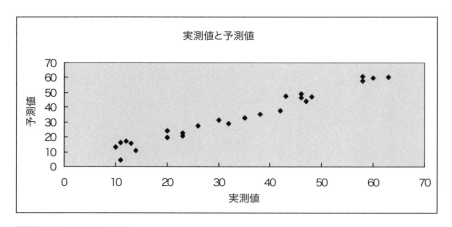

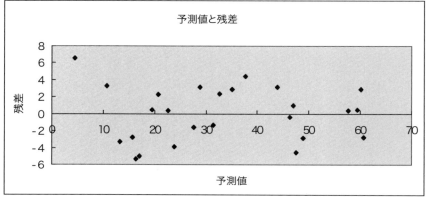

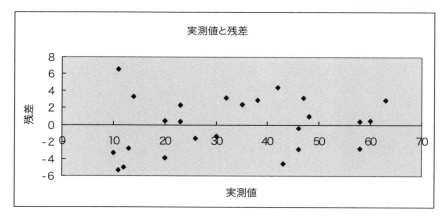

例題01の回帰式は

$$y = 0.624759 * B - 8.25093 * C1 - 6.30475 * C2 - 5.60702 * C3 + 1.32423 * C4 + 170.8789$$

となります.

　分散分析表の回帰の F 値は105.0352で危険率1％の境界値4.170767より大きいので，危険率1％で回帰式は予測に役立つと判定されます．また P 値は3.64E−13ですから，この P 値の示す危険率で有意と判定されます．

回帰係数については，B，C1，C3，定数項の P 値が 0.05 以下ですから，危険率 5% で「目的変数の予測に必要な回帰係数である」ということになります．B と定数項は危険率 1% でも有意です．

例題 02 ■ 重回帰分析

中学 3 年生女子 1000 人の「身長」，「体重」，「座高」を測定して集計したところ，次のデータを得ました．このデータから，身長を予測する回帰式を求めなさい．この回帰式が予測に役立つかどうか検定しなさい．

◎ 平均と標準偏差

	平均	標準偏差
身長	156.7	5.8
体重	50.9	6.5
座高	84.8	2.1

◎ 相関行列

	身長	体重	座高
身長	1		
体重	0.61	1	
座高	0.74	0.34	1

❖ 準備するデータ

集計済みデータフォーム

「標準偏差」の値を 2 乗して「不偏分散」を求め，決められたセルに入力します．相関行列は空白のセルがないように，対角要素のセルに値を入力します．Excel のセルに次のような体裁で入力します．（詳しくは 34 ページ）

データ数	変数		
1000	3		
変数	平均	不偏分散	
身長	156.7	33.64	
体重	50.9	42.25	
座高	84.8	4.41	
相関行列			
	身長	体重	座高
身長	1	0.61	0.74
体重	0.61	1	0.34
座高	0.74	0.34	1

❖ データの解析手順

集計済みデータフォームのデータを Mulcel で解析する手順を解説します．

1) 集計済みデータフォームのデータを準備します．

2）メニューバーの「多変量解析」から「重回帰分析」を選択すると，サブメニューが現れます．ここから「重回帰分析」を選択します．

3）「範囲・データフォーム」のダイアログボックスが現れます．必要な設定の後，「OK」ボタンを押します．（範囲指定の詳細は 18 頁）

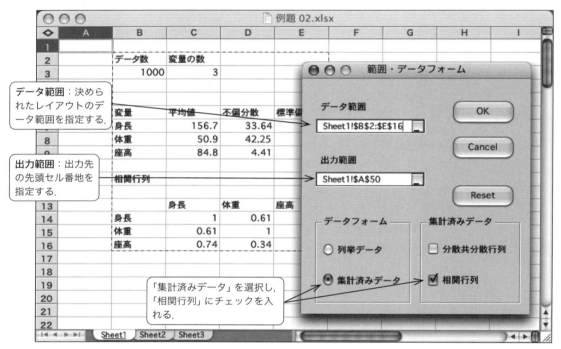

4）しばらくして，計算結果が表示されます．

❖ 解析結果の分析

次の結果が得られます．

— 42 —

重回帰分析

データ数	変数の数
1000	3

変数	平均	不偏分散	標準偏差	標準誤差
身長	156.7	33.64	5.8	0.183412
体重	50.9	42.25	6.5	0.205548
座高	84.8	4.41	2.1	0.066408

分散共分散行列

	身長	体重	座高
身長	33.64	22.997	9.0132
体重	22.997	42.25	4.641
座高	9.0132	4.641	4.41

相関行列

	身長	体重	座高
身長	1	0.61	0.74
体重	0.61	1	0.34
座高	0.74	0.34	1

データ数	1000
重相関係数 R	0.83237
決定係数 R2	0.69284
自由度修正済み決定係数	0.69222
Y評価値の標準誤差	3.217698
赤池の情報量基準	5180.205
ダービン・ワトソン比	*

分散分析表

要因	偏差平方和	自由度	平均平方	F値	P値	F(0.05)	F(0.01)
回帰	23283.84	2	11641.92	1124.434	2.8E-256	3.004752	4.626507
残差	10322.52	997	10.35358				
計	33606.36	999					

回帰係数の有意性の検定と信頼区間

	回帰係数	標準誤差	標準回帰係数	偏相関係数	t値	F値	P値	95%下限	95%上限
体重	0.361605	0.016654	0.405246	0.566608	21.71246	471.4311	6.63E-86	0.328923	0.394286
座高	1.663264	0.051549	0.602216	0.714713	32.26579	1041.081	5.60E-157	1.562107	1.76442
定数項	-2.75044	4.161463			-0.66093	0.43683	0.5088092	-10.9167	5.415791

回帰式は

$$y = 0.361605 * (体重) + 1.663264 * (座高) - 2.75044$$

となります．

　分散分析表の回帰の F 値と P 値から回帰式は非常にあてはまりのよいと判定されます．また，回帰係数については，体重，座高ともに P 値の値から「身長の予測に必要な回帰係数である」ということになります．

1-2　変数選択−重回帰分析 Stepwise Regression Analysis

テーマ　複数の説明変数の中から目的変数に大きく影響を与えている変数だけを用いて回帰式を求める．

変数選択の方法はいくつかありますが，Mulcelでは「変数増加法」と「変数減少法」で行います．

① 変数増加法
まず，すべての変数を外した回帰式を求め，1つずつ変数を加えて影響の大きさを計算しながら影響の大きい変数を選別する方法です．

② 変数減少法
まず，すべての変数を含んだ回帰式を求め，1つずつ変数を取り除いて影響の大きさを計算しながら影響の大きい変数を選別する方法です．

どちらの方法でも「強制組込変数」として選択した説明変数は，目的変数に与える影響が小さくても回帰式の説明変数として使われます．

■ 変数選択の基準

説明変数が目的変数の予測に役立つかどうかは，F値と呼ばれる統計量を利用します．F値は次のように求められます．

$$F値 = \left(\frac{回帰係数}{回帰係数の標準誤差} \right)^2$$

判断基準は本当に有効な説明変数だけを選択したいのか，あるいは少しでも有効な説明変数を見落とさないように選択したいのかによって異なります．一般に

F値が2以上ならば有効な変数，2未満ならば不要な変数

として説明変数の選択をすると，良い回帰式が得られるといわれています．

Mulcelの「変数選択−重回帰分析」では，まず「変数増加法」は「変数減少法」かを決め，F値の選択基準値を入力するダイアログボックスが現れます．どちらかを選択し，F値（デフォルト値は2）を入力するとすべての変数を用いた重回帰分析が行われます．そして使われている説明変数のどれを選択するかを問うダイアログボックスが現れますので，その段階で説明変数の選択と強制組込変数の選択を行います．

■ 変数選択−重回帰分析で検定できるデータフォーム

「1-1　重回帰分析」と全く同じです．詳しくは34ページをご覧ください．
① 列挙データフォーム
② 集計済みデータフォーム

例題 ■ 03 ■ 変数選択−重回帰分析

例題01のデータを用いて，目的変数の予測に役立つ説明変数を選択しなさい．

❖ 準備するデータ

例題01（36ページ）と同じ．

❖ データの解析手順

列挙データフォームのデータをMulcelで解析する手順を解説します．

1) 列挙データフォームのデータを準備します．
2) メニューバーの「多変量解析」から「重回帰分析」を選択すると，サブメニューが現れます．ここから「変数選択−重回帰分析」を選択します．

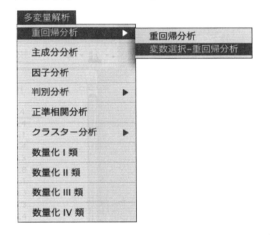

3) 「変数選択法」のダイアログボックスが現れます．「変数増加法」か「変数減少法」のいずれかを選択します．また「F値」を設定します．デフォルトは「2」となっています．

4）「範囲・データフォーム」のダイアログボックスが現れます．必要な設定をした後，「OK」ボタンを押します．（範囲指定の詳細は 18 頁）

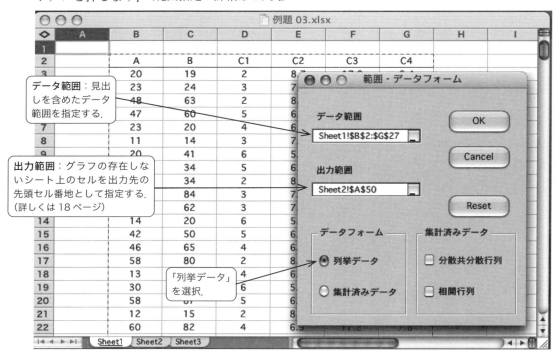

データ範囲：見出しを含めたデータ範囲を指定する．

出力範囲：グラフの存在しないシート上のセルを出力先の先頭セル番地として指定する．（詳しくは 18 ページ）

「列挙データ」を選択．

5）しばらくして「変数選択」のダイアログボックスが現われます．「選択する変数」と「強制組み込み変数」をリストボックスから選んだ後，「OK」ボタンを押します．

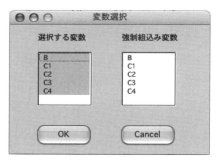

6）しばらくして，計算結果が表示されます．

❖ 解析結果の分析

重回帰分析と同じ結果が表示され，さらに計算されたステップと組み込まれた変数などの基本情報が表示されます．

変数選択－重回帰分析

変数選択の結果

F値の選択基準値	2
ステップ数	3
選択された変数	3
強制組込み変数	0
変数選択の方法	変数増加法

ステップ0

回帰分析の概要

データ数	25
重相関係数 R	0
決定係数 R2	0
自由度修正済み決定係数	0
Y評価値の標準誤差	17.25225
赤池の情報量基準	216.3235
ダービン・ワトソン比	*

分散分析表

要因	偏差平方和	自由度	平均平方	F値	P値	F(0.05)	F(0.01)
回帰	0	0	*	*	*		
残差	7143.36	24	297.64				
計	7143.36	24					

組み込まれた変数

	回帰係数	標準誤差	標準回帰係数	偏相関係数	F値	分散拡大要因
定数項	33.16	3.450449			92.35869	

ステップ1

回帰分析の概要

データ数	25
重相関係数 R	0.957177
決定係数 R2	0.916187
自由度修正済み決定係数	0.912543
Y評価値の標準誤差	5.102034
赤池の情報量基準	156.3444
ダービン・ワトソン比	1.324751

分散分析表

要因	偏差平方和	自由度	平均平方	F値	P値	F(0.05)	F(0.01)
回帰	6544.653	1	6544.653	251.4201	7.11E-14	4.279344	7.881134
残差	598.7073	23	26.03075				
計	7143.36	24					

組み込まれた変数	B					
	回帰係数	標準誤差	標準回帰係数	偏相関係数	F値	分散拡大要因
B	0.633148	0.039931	0.957177	0.957177	251.4201	1
定数項	5.250817	2.034532			6.660772	

ステップ2

回帰分析の概要

データ数	25
重相関係数 R	0.971769
決定係数 R2	0.944334
自由度修正済み決定係数	0.939274
Y評価値の標準誤差	4.251415
赤池の情報量基準	148.1137
ダービン・ワトソン比	1.61869

分散分析表

要因	偏差平方和	自由度	平均平方	F値	P値	F(0.05)	F(0.01)
回帰	6745.72	2	3372.86	186.6085	1.59E-14	3.443357	5.719022
残差	397.6397	22	18.07453				
計	7143.36	24					

組み込まれた変数	C1					
	回帰係数	標準誤差	標準回帰係数	偏相関係数	F値	分散拡大要因
B	0.633394	0.033273	0.957548	0.97096	362.3718	1.000005
C1	-2.00534	0.601242	-0.16777	-0.57951	11.12436	1.000005
定数項	13.26133	2.9398			20.3488	

ステップ3

回帰分析の概要

データ数	25
重相関係数 R	0.980028
決定係数 R2	0.960455
自由度修正済み決定係数	0.954806
Y評価値の標準誤差	3.667626
赤池の情報量基準	141.5653
ダービン・ワトソン比	1.209263

分散分析表

要因	偏差平方和	自由度	平均平方	F値	P値	F(0.05)	F(0.01)
回帰	6860.879	3	2286.96	170.0155	6.91E-15	3.072467001	4.874046
残差	282.481	21	13.45148				
計	7143.36	24					

組み込まれた変数	C3					
	回帰係数	標準誤差	標準回帰係数	偏相関係数	F値	分散拡大要因
B	0.625226	0.02884	0.945199	0.978381	469.9898	1.009464
C1	-3.28391	0.67822	-0.27474	-0.72629	23.44447	1.709785
C3	-5.81317	1.986782	-0.1665	-0.53815	8.56104	1.719602
定数項	119.5361	36.4102			10.77835	

No.	実測値	予測値	残差
1	20	20.79177	-0.79177
2	23	21.79663	1.203369
3	48	48.30171	-0.30171
4	47	44.71275	2.287247
5	23	18.91841	4.081592
6	11	15.54437	-4.54437
7	20	24.3177	-4.3177
8	26	28.45688	-2.45688
9	32	30.17016	1.829839
10	63	59.31018	3.689823
11	46	45.55521	0.44479
12	14	11.18796	2.812042
13	42	38.4605	3.539504
14	46	47.05357	-1.05357
15	58	58.93055	-0.93055
16	13	13.9166	-0.9166
17	30	31.82041	-1.82041
18	58	61.59385	-3.59385
19	12	18.29087	-6.29087
20	60	57.68241	2.317595
21	11	4.935701	6.064299
22	35	31.80024	3.199757
23	38	33.2986	4.701399
24	10	14.07669	-4.07669
25	43	48.07628	-5.07628

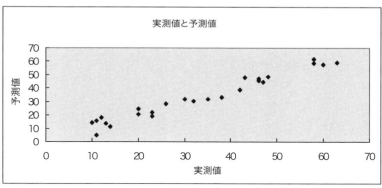

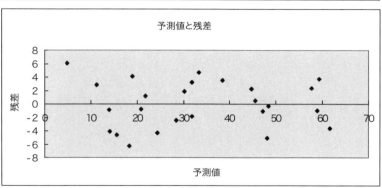

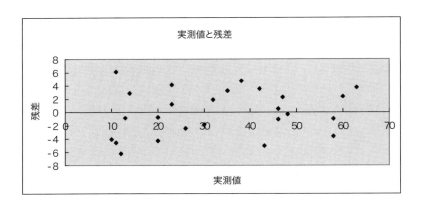

この結果から選択された説明変数は B，C1，C3 です．
変数選択−重回帰分析で求められた回帰式は

$$y = 0.625226 * B - 3.28391 * C1 - 5.81317 * C3 + 119.5361$$

となります．

ステップごとに自由度修正済み決定係数が増加し，赤池の情報基準が減少して行きますので，最適な回帰式であることが分かります．

2 主成分分析
Principal Component Analysis

テーマ 多くの変量から新たに少数の合成変量を求め，情報を集約する．

n 個の対象に対して，p 個の変量 $x_1, x_2, \cdots, x_p$ の観測値が与えられている場合，変量 x_i ($i=1, 2, \cdots, p$) に適当な重み w_i を与えて**主成分**とよばれる次のような合成変量

$$z = w_1 x_1 + w_2 x_2 + \cdots + w_p x_p$$

に要約し，変量の総合的特性を表現します．

たとえば，健康診断のいくつかの検査項目 $x_1, x_2, \cdots, x_p$ から総合的に健康度を表す指標を求めたいといった場合などに使われます．

主成分分析は多くの変量の値をできるだけ情報の損失なしに，1個または互いに独立な少数の合成変量 $z_1, z_2, \cdots, z_m$ に集約することです．

$$\begin{cases} z_1 = w_{11} x_1 + w_{21} x_2 + \cdots + w_{p1} x_p \\ z_2 = w_{12} x_1 + w_{22} x_2 + \cdots + w_{p2} x_p \\ \quad\quad\quad\quad \vdots \\ z_m = w_{1m} x_1 + w_{2m} x_2 + \cdots + w_{pm} x_p \end{cases}$$

$z_1, z_2, \cdots, z_m$ をそれぞれ第 1 主成分，第 2 主成分，$\cdots$，第 m 主成分といいます．

第 1 主成分は $w_{11}^2 + w_{21}^2 + \cdots + w_{p1}^2 = 1$ の条件のもとで得られる合成変量のうち，その分散が最大なものです．また，**第 2 主成分**とは，第 1 主成分とは独立で $w_{12}^2 + w_{22}^2 + \cdots + w_{p2}^2 = 1$ の条件のもとで得られる合成変量のうち，その分散が最大のもの，**第 m 主成分**とは，

第1，第2，$\cdots$，第$m-1$主成分とは独立で$w_{1m}{}^2 + w_{2m}{}^2 + \cdots + w_{pm}{}^2 = 1$の条件のもとで得られる合成変量のうち，その分散が最大なものです．

変量$x_1, x_2, \cdots, x_p$の分散共分散行列Sを計算します．主成分分析をSに基づいて行った場合には，各変量の分散がその結果に大きな影響を与えます．ある特定の変量の分散が極端に大きい場合や，変量ごとに単位が異なっている場合には平均を0，分散を1に揃えた場合の分散共分散行列，すなわち相関行列Rを用いて行います．

条件付き極値を求める**ラグランジュの定理**を用い，分散共分散行列S（または相関行列R）の**固有値問題**に帰着し，**固有値**と**固有ベクトル**を求めることになります．このとき，固有値は合成変量の分散に等しくなります．従って，最大固有値に対応する固有ベクトルから第1主成分の各変量の重みが得られます．一般に第k固有値に対応する固有ベクトルから第k主成分の各変量の重みが得られます．

固有値の総和はもとの変量の分散の総和に等しくなります．

■ 寄 与 率

各固有値の，固有値の総和に対する比率を**寄与率**といい，もとの変量の変動のうち各主成分が説明している変動の比率を表します．

■ 累積寄与率

第1主成分から第k主成分（$k \leq p$）までの寄与率の合計を**累積寄与率**といいます．累積寄与率が十分大きくなれば，k個の主成分でもとの変動のかなりの部分を説明できたことになり，それ以上の主成分を求める必要はありません．

累積寄与率の打ち切り基準は80％を目安とします．

■ 因子負荷量

主成分と変量との相関係数を**因子負荷量**といいます．各主成分に対する変量の関係を表します．

■ 主成分得点

対象ごとの観測値を主成分に代入して得られる値です．分散共分散行列Sからの主成分に対しては，変量x_iの平均を$\bar{x}_i$としたとき，（観測値－$\bar{x}_i$）を代入します．相関行列Rからの主成分に対しては，平均0，分散1に標準化した観測値を代入します．

■ 主成分の採用

主成分をいくつまで採用するかの基準は次のように考えます．
 ① 累積寄与率が70～80％以上
 ② 相関行列の固有値が1以上

■ 主成分の考察

得られた主成分について，次の観点から考察します．
 ① 各変量の固有ベクトルの大きさや符号
 ② 因子負荷量の大きさや符号

主成分の意味付けは必ずしも可能ではありません．無理やり意味付けを行うことには注意しなくてはなりません．「有効な結論がでない」ことも重要な結論です．

■ 主成分分析で分析できるデータフォーム

① 列挙データフォーム

変量の数が p のとき，次のようになります．

変量名1	変量名2	‥‥‥	変量名 p
数値	数値	‥‥‥	数値
・	・		・
・	・		・
数値	数値	‥‥‥	数値

② 相関行列

変量の数が p のとき，次のようになります．

	変量名1	変量名2	‥‥‥	変量名 p
変量名1	1	数値	‥‥‥	数値
変量名2	数値	1		数値
・	・	数値		・
・	・	・		・
・	・	・		・
変量名 p	数値	数値	‥‥‥	1

例題 04 ■ 主成分分析

20歳代女性の健康診断データから，「身長」，「体重」について，主成分分析しなさい．

❖ 準備するデータ

列挙データフォーム

身長	体重	身長	体重
157.7	51.9	155.0	53.4
163.8	47.7	150.2	41.7
155.6	45.3	154.8	55.8
159.4	57.1	154.5	40.1
163.2	57.9	161.2	46.0
163.0	46.3	161.8	42.9
162.4	49.9	147.8	45.1
152.5	41.4	156.4	54.6
154.9	47.3	165.7	48.8
153.2	42.7	149.1	41.5
161.5	63.0	165.7	51.5
160.0	48.8	162.9	51.7
160.3	51.9	174.4	77.0
158.1	51.0	154.9	51.4
155.0	53.3	148.5	47.1
152.2	48.4	155.1	44.9

❖ データの解析手順

列挙データフォームのデータを Mulcel で解析する手順を解説します．

1）列挙データフォームのデータを準備します．

2）メニューバーの「多変量解析」から「主成分分析」を選択します．

3）「主成分分析」のダイアログボックスが現れます．必要な設定の後，「OK」ボタンを押します．（範囲指定の詳細は 18 頁）

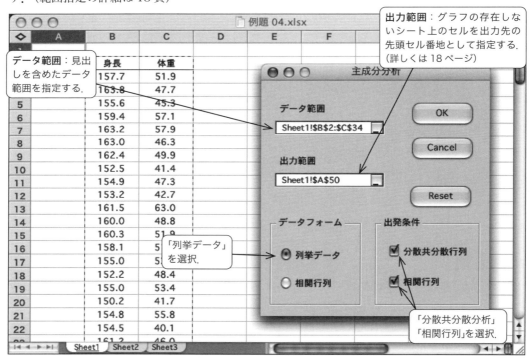

4）しばらくして，計算結果が表示されます．

	A	B	C	D	E
50	主成分分析				
52	データ数	32			
54	変量	平均	不偏分散	標準偏差	標準誤差
55	身長	157.8375	34.24952	5.852309	1.034552
56	体重	49.91875	53.16867	7.291685	1.289

❖ 解析結果の分析

測定単位が異なるので，出発行列を相関行列として解析するのが通常ですが，変数のばらつきの違いを反映させた場合は分散共分散行列を出発行列とします．両方を適用して解析すると次のようになります．

主成分分析

データ数	32			
変量	平均	不偏分散	標準偏差	標準誤差
身長	157.8375	34.24952	5.852309	1.034552
体重	49.91875	53.16867	7.291685	1.289

分散共分散行列

	身長	体重
身長	34.24952	26.04024
体重	26.04024	53.16867

相関行列

	身長	体重
身長	1	0.610225
体重	0.610225	1

出発行列：分散共分散行列

	Z1	Z2
固有値	71.41429	16.0039
寄与率	0.816927	0.183073
累積寄与率	0.816927	1

固有ベクトル

身長	0.573831	0.818974
体重	0.818974	-0.57383

因子負荷量

	Z1	Z2
身長	0.828608	0.55983
体重	0.94915	-0.31482

主成分得点

No.	Z1	Z2
1	1.543691	-1.24951
2	1.604366	6.156319
3	-5.06658	0.817926
4	6.777868	-2.84117
5	9.613603	-0.18814
6	-0.00126	6.304503
7	2.602746	3.747328
8	-10.0395	0.517045
9	-3.83032	-0.90302
10	-8.57311	0.344347

出発行列：相関行列

	Z1	Z2
固有値	1.610225	0.389775
寄与率	0.805112	0.194888
累積寄与率	0.805112	1

固有ベクトル

身長	0.707107	-0.70711
体重	0.707107	0.707107

因子負荷量

	Z1	Z2
身長	0.897281	-0.44146
体重	0.897281	0.441461

主成分得点

No.	Z1	Z2
1	0.175517	0.208744
2	0.505259	-0.93558
3	-0.71825	-0.17755
4	0.885187	0.507608
5	1.421902	0.126051
6	0.272834	-0.97469
7	0.549447	-0.55308
8	-1.47101	-0.1812
9	-0.60888	0.100973
10	-1.26036	-0.13971

11	12.81486	-4.50693	11	1.711069	0.826024
12	0.324681	2.413004	12	0.152795	-0.36977
13	3.03565	0.879822	13	0.489663	-0.1054
14	1.036146	-0.40547	14	0.13657	0.073137
15	1.140912	-4.2641	15	-0.01495	0.670736
16	-4.47879	-3.74546	16	-0.82843	0.533873
17	1.222809	-4.32149	17	-0.00525	0.680434
18	-11.1136	-1.53874	18	-1.71981	0.125795
19	3.073581	-5.86247	19	0.203324	0.937337
20	-9.95646	2.900973	20	-1.35542	-0.54891
21	-1.27985	5.002499	21	0.026257	-0.78629
22	-3.47437	7.272758	22	-0.20187	-1.15941
23	-9.70626	-5.45531	23	-1.68008	0.745488
24	3.008941	-3.86352	24	0.280275	0.627648
25	3.595516	7.081156	25	0.841499	-1.05848
26	-11.9086	-2.32485	26	-1.87211	0.239308
27	5.806746	5.531814	27	1.103329	-0.79665
28	4.363815	3.12392	28	0.784414	-0.43894
29	31.68291	-1.97579	29	4.627357	0.625019
30	-0.47252	-3.25572	30	-0.21128	0.498568
31	-7.66663	-6.02969	31	-1.40155	0.854859
32	-5.68109	0.637971	32	-0.81745	-0.15593

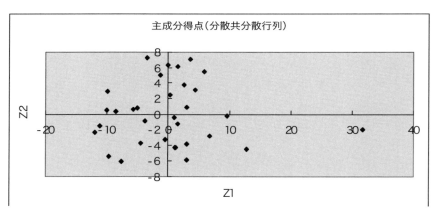

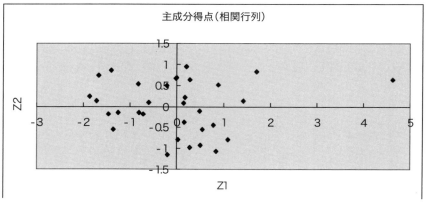

測定値の身長を x_1，体重を x_2，標準化したデータの身長を u_1，体重を u_2 とすると，

分散共分散行列からの主成分は

$z_1 = 0.573831\,(x_1 - 157.8375) + 0.818974\,(x_2 - 49.91875)$
$z_2 = 0.818974\,(x_1 - 157.8375) - 0.573831\,(x_2 - 49.91875)$

相関行列からの主成分は

$z_1 = 0.707107\,u_1 + 0.707107\,u_2$
$z_2 = -0.70711\,u_1 + 0.707107\,u_2$

となります．

分散共分散行列からの主成分の意味を分析すると，第1主成分 z_1 は身長 x_1，体重 x_2 が大きくなれば，大きくなるので，大きさを示す因子と考えられます．すなわち，大柄か小柄かを示す因子と考えられます．

第2主成分 z_2 は身長 x_1 が大きく，体重 x_2 が小さくなれば大きくなり，身長 x_1 が小さく，体重 x_2 が大きくなれば小さくなることから，背が高くて痩せているか，背が低くて太っているかを示す因子と考えられます．

相関行列からの主成分の意味も分散共分散行列からの主成分の意味と同じと考えられます．第2主成分では係数の正負が分散共分散行列からの第2主成分と正反対になっていますが，本質的にはまったく変わりません．背が高くて痩せている人を負，背が低くて太っている人を正にとっても，その符号を入れ替えても意味するところ同じだからです．

第1主成分の寄与率は，分散共分散行列からですと 81.96％，相関行列からですと 80.51％ となります．したがって，第1主成分だけでデータを集約することができます．

第1主成分を横軸，第2主成分を縦軸に取った，主成分得点の散布図が表示されます．測定値のグルーピングをすることができます．

例題 05 ■ 主成分分析

右のデータは10人の「数学」，「物理」，「化学」の試験の点数です．試験結果の良い順に順位を付けます．物理の平均点が低いのでこのまま合計すると不公平になるという意見が出ました．

点数を補正して合計点を出すことにします．主成分分析を用いて考察してみましょう．

No.	数学	物理	化学	素点合計
1	98	28	90	217
2	70	43	82	197
3	59	29	60	151
4	67	70	70	211
5	78	32	90	205
6	85	36	92	219
7	89	60	75	231
8	45	73	80	206
9	81	20	82	192
10	47	45	82	184
平均点	71.9	43.6	80.3	

❖ 準備するデータ

列挙データフォーム

数学	物理	化学
98	28	90
70	43	82
59	29	60
67	70	70
78	32	90
85	36	92
89	60	75
45	73	80
81	20	82
47	45	82

❖ データの解析手順

列挙データフォームのデータを Mulcel で解析する手順を解説します．

1) 列挙データフォームのデータを準備します．

2) メニューバーの「多変量解析」から「主成分分析」を選択します．

3) 「主成分分析」のダイアログボックスが現れます．必要な設定の後，「OK」ボタンを押します．（範囲指定の詳細は 18 頁）

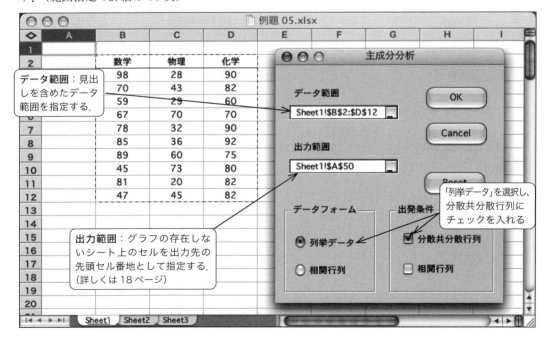

4) しばらくして，計算結果が表示されます．

[Excel screenshot: 例題 05.xlsx showing 主成分分析 with データ数 10, and variables 数学, 物理, 化学 with 平均, 不偏分散, 標準偏差, 標準誤差 values]

	A	B	C	D	E
50	主成分分析				
52	データ数	10			
54	変量	平均	不偏分散	標準偏差	標準誤差
55	数学	71.9	311.4333	17.64747	5.580621
56	物理	43.6	337.6	18.37389	5.810336
57	化学	80.3	97.78889	9.888826	3.127122
59	分散共分散行列				
61		数学	物理	化学	

❖ 解析結果の分析

分散共分散行列から出発して解析すると次にようになります．

主成分分析

データ数　　10

変量	平均	不偏分散	標準偏差	標準誤差
数学	71.9	311.4333	17.64747	5.580621
物理	43.6	337.6	18.37389	5.810336
化学	80.3	97.78889	9.888826	3.127122

分散共分散行列

	数学	物理	化学
数学	311.4333	-141.933	73.92222
物理	-141.933	337.6	-51.4222
化学	73.92222	-51.4222	97.78889

相関行列

	数学	物理	化学
数学	1	-0.43772	0.423592
物理	-0.43772	1	-0.28301
化学	0.423592	-0.28301	1

出発行列：分散共分散行列

	Z1	Z2	Z3
固有値	486.9316	185.4466	74.44395
寄与率	0.652005	0.248314	0.099681
累積寄与率	0.652005	0.900319	1

固有ベクトル

数学	-0.66785	0.691053	-0.27644
物理	0.710793	0.702345	0.03854
化学	-0.22079	0.170756	0.960257

因子負荷量
	Z1	Z2	Z3
数学	-0.83509	0.533259	-0.13516
物理	0.853642	0.520545	0.018098
化学	-0.49269	0.235147	0.837833

主成分得点
No.	Z1	Z2	Z3
1	-30.661	8.736238	1.498088
2	0.467094	-1.44412	2.134556
3	2.71977	-22.6352	-16.4898
4	24.31156	13.39696	-7.51862
5	-14.4608	-2.27545	7.181125
6	-16.7341	5.712817	7.32069
7	1.406956	22.43046	-9.1845
8	38.92873	2.008379	8.28133
9	-23.2275	-9.99647	-1.79274
10	17.24924	-15.9337	8.569845

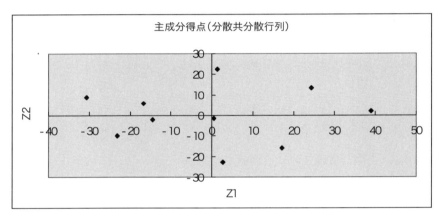

「数学」の点数を x_1, 「物理」の点数を x_2, 「化学」の点数を x_3 とすると, 主成分は次のようになります.

$$z_1 = -0.66785(x_1 - 71.9) + 0.710793(x_2 - 43.6) - 0.22079(x_3 - 83.3)$$
$$z_2 = 0.691053(x_1 - 71.9) + 0.702345(x_2 - 43.6) + 0.170756(x_3 - 83.3)$$
$$z_3 = -0.27644(x_1 - 71.9) + 0.03854(x_2 - 43.6) + 0.960257(x_3 - 83.3)$$

第1主成分 z_1 は「数学」と「物理」の係数（絶対値）が大きく符号が逆です．「数学」と「物理」との対比でアンバランス度を表しています．

第2主成分 z_2 は係数の符号がすべて正でどの科目の結果がよくても値が大きくなります．この z_2 を合計点として使うと, 科目間の平均の差を考慮して順位を付けることができると考えられます．第3主成分 z_3 については, 第2主成分までの累積寄与率が90.03％ですから, 無理に解釈する必要はありません．

素点の合計による順位と第2主成分 z_2 による順位を比較してみましょう．

No.	数学	物理	化学	素点合計	素点合計の順位	Z2	Z2の順位
1	98	28	90	217	3	8.736238	3
2	70	43	82	197	7	-1.44412	6
3	59	29	60	151	10	-22.6352	10
4	67	70	70	211	4	13.39696	2
5	78	32	90	205	6	-2.27545	7
6	85	36	92	219	2	5.712817	4
7	89	60	75	231	1	22.43046	1
8	45	73	80	206	5	2.008379	5
9	81	20	82	192	8	-9.99647	8
10	47	45	82	184	9	-15.9337	9
平均点	71.9	43.6	80.3				

3 因子分析
Factor Analysis

テーマ データが持つ潜在的な要因を見つけ出して，単純化した構造で分析する．

　因子分析は主成分分析と同様に，多数の変量のもつ情報をより少ない次元で分析しようとする方法です．因子分析は変量の合成ではなく，変量間の潜在的な構造を仮定する点で，主成分分析と大きく異なっています．

　たとえば，例題 07 において 5 教科の試験での相関関係が得られているとき，この相関関係について少数個の潜在的な因子を考えることで説明しようとするのが因子分析です．

　n 個の標本について p 種類の変量の観測値 x_{ij} ($i = 1, 2, \cdots, p\,; j = 1, 2, \cdots, n$) が与えられているものとします．このデータは変量ごとに平均 $\bar{x}_i$，分散 s_i^2 が異なるので，これを標準化したもの $z_{ij} = (x_{ij} - \bar{x}_i)/s_i$ を用います．

$$z_{ij} = a_{i1}f_{1j} + a_{i2}f_{2j} + \cdots + a_{ip}f_{pj} + e_{ij}$$

のように z_{ij} が 1 次式に表されるものと考えます．$f_{1j}, f_{2j}, \cdots, f_{pj}$ は p 個の潜在的な変量を表し，**共通因子** (common factor) といわれます．$a_{i1}, a_{i2}, \cdots, a_{ip}$ は共通因子にかかる重みで**因子負荷量** (factor loading) といいます．e_{ij} は p 個の共通因子の 1 次結合で説明できない変動を表し，**独自因子** (unique factor) あるいは**特殊因子** (specific factor) といいます．

　因子分析は変量間の相関を，できるだけ少数個の共通因子で説明しようとするものです．
　m 個の因子を考えて，次ページのようなモデルを想定します．

$$\begin{cases} z_{1j} = a_{11}f_{1j} + a_{12}f_{2j} + \cdots + a_{1m}f_{mj} + e_{1j} \\ z_{2j} = a_{21}f_{1j} + a_{22}f_{2j} + \cdots + a_{2m}f_{mj} + e_{2j} \\ \quad \vdots \\ z_{pj} = a_{p1}f_{1j} + a_{p2}f_{2j} + \cdots + a_{pm}f_{mj} + e_{pj} \end{cases} \quad (j = 1, 2, \cdots, n)$$

行列で表して

$$\underset{p \times 1}{z_j} = \underset{p \times m}{A} \underset{m \times 1}{f_j} + \underset{p \times 1}{e_j} \quad (j = 1, 2, \cdots, n)$$

A は因子負荷行列, f_j は因子得点ベクトル, e_j は独自因子の得点ベクトルです.

共通因子 $f_1, f_2, \cdots, f_m$ は平均 0, 分散 1, 独自因子 $e_1, e_2, \cdots, e_p$ は平均 0, 分散 $d_1^2, d_2^2, \cdots, d_p^2$, 独自因子間および独自因子と共通因子間は無相関と仮定します. 共通因子 $f_1, f_2, \cdots, f_m$ 間の相関については, 互いに無相関と仮定する場合を**直交因子** (orthogonal factor), そうでない場合を**斜交因子** (oblique factor) と呼びます.

直交因子の場合 p 変量ベクトル z の分散共分散行列は標本相関行列 R に等しく,

$$\underset{p \times p}{R} = \underset{p \times m}{A} \underset{m \times p}{{}^tA} + \underset{p \times p}{D}$$

のように表されます. ただし, D は対角行列で $D = diag(d_1^2, d_2^2, \cdots, d_p^2)$ です.

対角要素は

$$1 = \sigma_{ij} = h_i^2 + d_i^2, \quad h_i^2 = a_{i1}^2 + a_{i2}^2 + \cdots + a_{im}^2$$

と表され, h_i^2 は共通因子 f による変動を表し, **共通性** (communality) と呼ばれます.

■ 共通性の推定

因子の抽出に先立って, 共通性を推定するのが因子分析の重要な課題です. Mulcel では次の方法が選択できます.

① SMC 法

変量 z_i の共通性 h_i^2 を, z_i と他の $p-1$ 個の変量との間の**重相関係数の 2 乗** (squared multiple correlation SMC) とします.

② RMAX 法

変量 z_i の共通性 h_i^2 を z_i と他の $p-1$ 個の変量との間の相関係数のうち, 絶対値の最大のものとします.

■ 因子負荷行列の推定

因子負荷行列 A の推定には主因子法, 最小 2 乗法, キャノニカル因子解, 最尤法など種々の方法があります. ここでは相関行列から直接求められる因子解として最もオーソドックスな主因子法を採用します. 主因子法による各因子の因子負荷ベクトルは, 分析した相関行列 R (対角成分に共通性を入れたもの) の固有ベクトルになります.

① 主因子法 (非反復解法)

Ⅰ：標本相関行列 R の対角要素に共通性の推定値 $\hat{h}_i^2$ ($i = 1, 2, \cdots, p$) を代入して R^* を作ります. $\hat{h}_i^2$ は SMC 法か RMAX 法で推定します.

Ⅱ：R^* の**固有値問題**を解いて，**固有値** $\lambda_1 \geqq \lambda_2 \geqq \cdots \geqq \lambda_p$ と対応する**固有ベクトル** $r_1, r_2, \cdots, r_p$ を求めます．

Ⅲ：大きい方から m 個の固有値とそれに対応する固有ベクトルを用いて，次のように推定します．

$$\hat{A} \approx (\sqrt{\lambda_1}r_1,\ \sqrt{\lambda_2}r_2,\ \cdots,\ \sqrt{\lambda_m}r_m)$$

② **主因子法（反復解法）**

Ⅰ：標本相関行列 R の対角要素に共通性の推定値 $\hat{h}_i^2$ $(i = 1, 2, \cdots, p)$ を代入して R^* を作ります．$\hat{h}_i^2$ は SMC 法か RMAX 法で推定します．

Ⅱ：R^* の**固有値問題**を解いて，**固有値** $\lambda_1 \geqq \lambda_2 \geqq \cdots \geqq \lambda_p$ と対応する**固有ベクトル** $r_1, r_2, \cdots, r_p$ を求めます．

Ⅲ：大きい方から m 個の固有値とそれに対応する固有ベクトルを用いて，次のように推定します．

$$\hat{A} \approx (\sqrt{\lambda_1}r_1,\ \sqrt{\lambda_2}r_2,\ \cdots,\ \sqrt{\lambda_m}r_m)$$

Ⅳ：R^* と $\hat{A}\,{}^t\hat{A}$ の対角要素を比較して，あらかじめ設定した十分小さい $\varepsilon > 0$ に対して

$$\left| r_{ij}{}^* - \sum_{k=1}^{m} a_{ik}^2 \right| < \varepsilon \qquad (i = 1, 2, \cdots, p)$$

ならば，収束したものとし終了します．そうでなければ，$\sum_{k=1}^{m} a_{ik}^2$ を R^* の対角要素に置き換えて，Ⅱにもどります．

収束しない場合も考慮して，あらかじめ最大反復回数を設定しておきます．

※ Mulcel では最大反復回数の規定値として 100 回が設定されていますが，ユーザー設定も可能です．設定した最大反復回数以内で収束しない場合は，反復回数の値が最大反復回数となります．隣のセルに「＊＊＊＊＊」が表示されて収束していないことを示します．

※ 反復途中で，$\sum_{k=1}^{m} a_{ik}^2 \geqq 1$ となってしまった場合も反復を打ち切り，反復回数を表示した隣のセルに「＊＊＊＊＊」が表示されます．

※ 収束判定条件は $\varepsilon = 0.00001$ で処理します．ユーザーが設定することはできません．

■ **因子数の設定**

因子数 m が設定されているものとし A の推定法を記述しましたが，m の設定法として次のような基準が考えられます．

　　① 相関行列 R の固有値の中で 1 より大きい固有値の数

　　② 共通性の推定値 $\hat{h}_i^2$ $(i = 1, 2, \cdots, p)$ を対角要素に代入した R^* の正の固有値の数

※ Mulcel では非反復解法Ⅱの段階で固有値を表示し，ユーザーが因子数を設定するようになっています．

■ **因子の解釈**

因子負荷行列 A が求まると，因子負荷量に基づいてそれぞれの因子の解釈を行います．

常に解釈可能とは限りません．解釈が困難なときは因子軸の回転を行って，いくつかの変量の因子負荷量の絶対値は大きく，のこりの変量の因子負荷量は 0 に近い形の単純構造を目指します．このようにすることで因子の解釈がしやすくなります．

■ 因子軸の回転

回転軸を直交させる直交回転,斜交させる斜交回転にさまざまな方法が提案されています.直交回転としてバリマックス法,クァーティマックス法など,斜交回転としてはオブリマックス法,オブリミン法などがありますが,ここでは直交回転のバリマックス法を採用します.

● バリマックス法

単純構造の指標として**バリマックス基準**という統計量を最大にするように因子軸の直交変換を行って解を求めます.バリマックス基準は因子負荷量の2乗について,因子ごとに分散を求め,その和をとったものです.これを最大化することは,因子負荷量の正負にかかわらず,因子負荷量の絶対値の大きいものと,とくに小さいものが多くなるような位置に因子軸を回転することになります.

■ 因子の寄与量,寄与率

第 k 因子の因子負荷量の2乗和 $\sum_{i=1}^{p} a_{ik}^2$ は,因子によって説明される情報量に第 k 因子が寄与している量を表し,**寄与量**といいます.また,寄与量を変量の数で割った $\sum_{i=1}^{p} a_{ik}^2 / p$ を**寄与率**といい,第 k 因子によって説明される割合です.

■ 因子得点の推定

各標本の因子得点 f_j を推定します.

因子得点の推定法もいくつかありますが,ここでは,回帰法と呼ばれる方法を採用します.

因子得点 f_j の推定値 $\hat{f}_j$ として,次式で計算します.

$$\underset{m \times 1}{\hat{f}_j} = \underset{m \times p}{{}^t\hat{A}} \ \underset{p \times p}{R^{-1}} \ \underset{p \times 1}{z_j} \qquad (j = 1, 2, \cdots, n)$$

■ 因子分析で分析できるデータフォーム

① 列挙データフォーム

変量の数が p 個のとき,次のようになります.

変量名1	変量名2	……	変量名 p
数値	数値	……	数値
.	.		.
.	.		.
数値	数値	……	数値

② 相関行列

変量の数が p 個のとき,次のようになります.

	変量名1	変量名2	……	変量名 p
変量名1	1	数値	……	数値
変量名2	数値	1		数値
.	.	数値		.
.	.	.		.
.	.	.		.
変量名 p	数値	数値	……	1

例題 ■ 06 ■ 因子分析

主婦10人に日常生活について次のアンケートを取りました．

Q.1 体重をチェックしていますか？
　1．全然していない．　2．あまりしていない．　3．時々する．
　4．している．　　　　5．毎日する．

Q.2 買い物は歩いて行きますか？
　1．全く歩かない．　　2．あまり歩かない．　　3．時々歩く．
　4．歩く．　　　　　　5．必ず歩く．

Q.3 寝る2時間前は食べ物を口にしませんか？
　1．全く食べない．　　2．あまり食べない．　　3．時々食べる．
　4．食べる．　　　　　5．必ず食べる．

このデータについて因子分析を行いなさい．

❖ 準備するデータ

列挙データフォーム

体　重	徒　歩	食べ物
4	3	2
3	3	4
1	2	2
3	4	2
2	1	1
5	4	2
5	5	1
4	3	2
3	4	1
2	3	5

❖ データの解析手順

列挙データフォームのデータをMulcelで解析する手順を解説します．

1) 列挙データフォームのデータを準備します．
2) メニューバーの「多変量解析」から「因子分析」を選択します．

3）「因子分析」のダイアログボックスが現れます．「条件」「回転」も設定した後，「OK」ボタンを押します．（範囲指定の詳細は 18 頁）

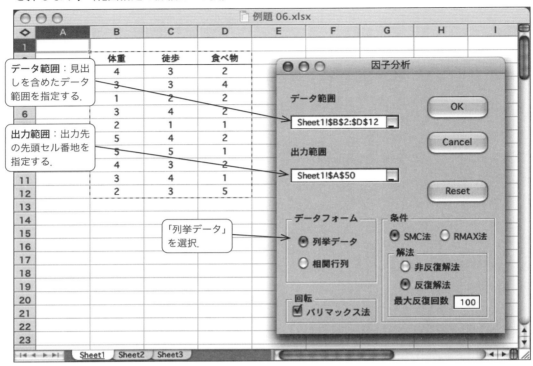

4）「因子数」のダイアログボックスが現れます．因子数を入力して「OK」ボタンを押します．

5) しばらくして，計算結果が表示されます．

	A	B	C	D	E
50	因子分析				
51					
52	データ数	10			
53					
54	変量	平均	不偏分散	標準偏差	標準誤差
55	体重	3.2	1.733333	1.316561	0.416333
56	徒歩	3.2	1.288889	1.135292	0.359011
57	食べ物	2.2	1.733333	1.316561	0.416333
58					
59	相関行列				
60					
61		体重	徒歩	食べ物	
62	体重	1	0.713641	-0.28205	
63	徒歩	0.713641	1	-0.10407	
64	食べ物	-0.28205	-0.10407	1	

❖ 解析結果の分析

因子分析

データ数   10

変量	平均	不偏分散	標準偏差	標準誤差
体重	3.2	1.733333	1.316561	0.416333
徒歩	3.2	1.288889	1.135292	0.359011
食べ物	2.2	1.733333	1.316561	0.416333

相関行列

	体重	徒歩	食べ物
体重	1	0.713641	-0.28205
徒歩	0.713641	1	-0.10407
食べ物	-0.28205	-0.10407	1

相関行列の固有値

    1.8072 0.929551 0.263249

対角要素を SMC でおきかえた相関行列の固有値

    1.312665 0.090063 -0.23144

SMC 法

非反復解法

因子負荷量と共通性

	a1	a2	h^2
体重	0.813562	-0.04026	0.663504
徒歩	0.765458	0.13153	0.603226
食べ物	-0.25467	0.266725	0.135998
寄与量	1.312665	0.090063	1.402728
寄与率	0.437555	0.030021	0.467576

反復解法　　　　　　　　eps ＝ 0.00001　　　最大反復回数＝ 100

因子負荷量と共通性　　　反復回数＝ 23

	a1	a2	h^2
体重	0.910257	-0.1158	0.841978
徒歩	0.816891	0.258635	0.734202
食べ物	-0.25755	0.411053	0.235299
寄与量	1.562213	0.249266	1.811479
寄与率	0.520738	0.083089	0.603826

バリマックス回転　　　　eps ＝ 0.00001

反復解法

初期バリマックス基準値　　1.783504

因子負荷量と共通性

	a1	a2	h^2
体重	0.910257	-0.1158	0.841978
徒歩	0.816891	0.258635	0.734202
食べ物	-0.25755	0.411053	0.235299
寄与量	1.562213	0.249266	1.811479
寄与率	0.520738	0.083089	0.603826

回転後のバリマックス基準値　　3.032883

因子負荷量と共通性

	a1	a2	h^2
体重	0.802753	-0.44448	0.841978
徒歩	0.854604	-0.06208	0.734202
食べ物	-0.08712	0.477188	0.235299
寄与量	1.38235	0.429129	1.811479
寄与率	0.460783	0.143043	0.603826

因子得点の推定

	f1	f2
1	0.150685	-0.54022
2	-0.03692	0.479535
3	-1.32384	0.595866
4	0.311887	0.371273
5	-1.5554	-0.56956
6	0.968547	-0.65252
7	1.387715	-0.50685
8	0.150685	-0.54022
9	0.241523	0.117343
10	-0.29488	1.245362

　SMC法で解析します．
　相関行列をみると，体重と徒歩の相関が高いことがわかります．

● 因子数の決定

相関行列の固有値は大きい順に 1.8072, 0.929551, 0.263249 となります．相関行列の対角要素に共通性の推定値として重相関係数の 2 乗 (SMC) を代入して固有値を求めると，大きい順に 1.312665, 0.090063, -0.23144 となります．固有値が正という基準で因子の数を決めると因子数＝2 となります．2 番目の値は正ですが小さいので，因子 2 の寄与量は少なくなります．

● 因子負荷量と共通性

非反復解法の固有値は寄与量に等しくなります．因子負荷量を表す，固有ベクトルの要素の 2 乗和が寄与量となります．因子 1 の寄与量は 1.312665, 寄与率は 0.437555 です．

因子 2 の寄与量は 0.090063, 寄与率は 0.030021 です．因子の寄与量の合計は 1.402728, 累積寄与率は 0.467576 です．46.8%が因子によって説明されています．

共通性 h^2 をみると，体重をチェックするかに関する情報の 66.4%が，買い物を徒歩でするかに関する情報の 60.3%が，寝る 2 時間前に食べ物を口にしないかに関する情報の 13.6%が因子によって説明されます．

共通性の値が安定するまで，因子負荷量を求めます．最大反復回数を 100 回と設定した結果，収束判定条件 ε = 0.00001 のもとで，23 回の反復で収束しました．因子 1 の寄与量は 1.562213, 寄与率は 0.520738 です．因子 2 の寄与量は 0.249266, 寄与率は 0.083089 です．因子の寄与量は 1.811479, 累積寄与率は 0.603826 となりました．

共通性 h^2 をみると，体重をチェックするかに関する情報の 84.2%が，買い物を徒歩でするかに関する情報の 73.4%が，寝る 2 時間前に食べ物を口にしないかに関する情報の 23.5%が因子によって説明されます．

バリマックス回転の結果，因子 1 の寄与量は 1.38235, 寄与率は 0.460783, 因子 2 の寄与量は 0.429129, 寄与率は 0.143043 となります．2 つの因子で 3 のうちの 1.81 だけ，すなわち 60.3%の情報を説明しています．共通性は回転前と同じです．

● 因子の解釈

回転前

因子 1：因子負荷量は体重と徒歩が正で大きな値を示しています．食べ物は負の値です．健康的な生活をしているかを示す因子と解釈されます．

因子 2：因子負荷量は食べ物が正で比較的大きな値を示しています．徒歩も正ですが，体重は負の値です．寄与率が 0.08 と低いことから無理に解釈する必要はないと思われます．

回転後

因子 1：因子負荷量は体重と徒歩が正で大きな値を示しています．食べ物は負で小さな値を示し，因子の解釈にはあまり影響を与えませんので，体重と徒歩で健康的な生活をしているかを示す因子と解釈されます．

因子 2：因子負荷量は体重が負で，食べ物が正でほぼ同じ大きさの値を示しています．徒歩は負で小さな値を示します．体重と食べ物で健康的な生活をしているかを示す因子と解釈されます．負の値が大きいほど健康的であると解釈されます．

● 因子得点の推定

因子得点の推定ではバリマックス回転を行った場合は回転後の得点を表示します．

因子1ではNo.7の人が高得点です．因子2ではNo.6の人が負の値で高得点です．

ダイアログボックスのバリマックス回転のチェックをしないと，反復解法で求めた因子負荷量による因子得点の推定を表示します．

反復解法　　　　　　　　eps＝0.00001　　最大反復回数＝100

因子負荷量と共通性　　　反復回数＝23

	a1	a2	h^2
体重	0.910257	-0.1158	0.841978
徒歩	0.816891	0.258635	0.734202
食べ物	-0.25755	0.411053	0.235299
寄与量	1.562213	0.249266	1.811479
寄与率	0.520738	0.083089	0.603826

因子得点の推定

	f1	f2
1	0.339934	-0.44609
2	-0.21178	0.431815
3	-1.45037	0.063565
4	0.15232	0.460343
5	-1.23413	-1.1048
6	1.141276	-0.2477
7	1.47676	0.042772
8	0.339934	-0.44609
9	0.18094	0.198403
10	-0.73488	1.047775

例題 07 ■ 因子分析

中学生1500人に国語，数学，英語，理科，社会の試験を行った結果の相関行列です．これについて因子分析を行いなさい．

❖ 準備するデータ

相関行列

	国語	数学	英語	理科	社会
国語	1	0.28	0.45	0.15	0.75
数学	0.28	1	0.1	0.64	0.37
英語	0.45	0.1	1	0.48	0.38
理科	0.15	0.64	0.48	1	0.25
社会	0.75	0.37	0.38	0.25	1

❖ データの解析手順

相関行列をMulcelで解析する手順を解説します．

1) 相関行列を準備します．

2) メニューバーの「多変量解析」から「因子分析」を選択します．

3) 「因子分析」のダイアログボックスが現れます．「条件」「回転」も設定した後，「OK」ボタンを押します．（範囲指定の詳細は18頁）

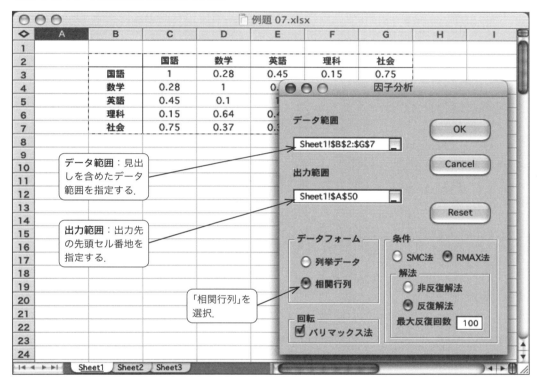

4) 「因子数」のダイアログボックスが現れます．因子数を入力して「OK」ボタンを押します．

5) しばらくして，計算結果が表示されます．

	A	B	C	D	E	F	G	H	I
50	因子分析								
51									
52	相関行列								
53									
54		国語	数学	英語	理科	社会			
55	国語	1	0.28	0.45	0.15	0.75			
56	数学	0.28	1	0.1	0.64	0.37			
57	英語	0.45	0.1	1	0.48	0.38			
58	理科	0.15	0.64	0.48	1	0.25			
59	社会	0.75	0.37	0.38	0.25	1			
60									
61	相関行列の固有値								
62		2.550678	1.188026	0.84316	0.252065	0.166071			
63									
64	対角要素をRMAXでおきかえた相関行列の固有値								

❖ 解析結果の分析

因子分析

相関行列

	国語	数学	英語	理科	社会
国語	1	0.28	0.45	0.15	0.75
数学	0.28	1	0.1	0.64	0.37
英語	0.45	0.1	1	0.48	0.38
理科	0.15	0.64	0.48	1	0.25
社会	0.75	0.37	0.38	0.25	1

相関行列の固有値

| 2.550678 | 1.188026 | 0.84316 | 0.252065 | 0.166071 |

対角要素を RMAX でおきかえた相関行列の固有値

| 2.220476 | 0.868226 | 0.400662 | -0.00782 | -0.22154 |

RMAX 法

非反復解法

因子負荷量と共通性

	a1	a2	a3		h^2
国語	0.748166	-0.45615	-0.05057		0.770382
数学	0.598018	0.469522	-0.34205		0.695072
英語	0.566451	-0.0365	0.472694		0.545639
理科	0.608896	0.568705	0.172668		0.723995
社会	0.781969	-0.33903	-0.1669		0.754275
寄与量	2.220476	0.868226	0.400662		3.489363
寄与率	0.444095	0.173645	0.080132		0.697873

反復解法　　　　　　　　　　　eps = 0.00001　　　　最大反復回数＝　　100

因子負荷量と共通性　　　　　　　反復回数＝　　　　　95

	a1	a2	a3	h^2
国語	0.754458	-0.55664	-0.12575	0.894871
数学	0.631295	0.450355	-0.43251	0.788414
英語	0.618196	-0.09887	0.568173	0.714763
理科	0.697442	0.631552	0.195865	0.923646
社会	0.714444	-0.3411	-0.16787	0.654956
寄与量	2.346763	1.037648	0.592239	3.97665
寄与率	0.469353	0.20753	0.118448	0.79533

バリマックス回転　　　　　　　eps＝0.00001

反復解法

　　　　初期バリマックス基準値　　　1.471619

因子負荷量と共通性

	a1	a2	a3	h^2
国語	0.754458	-0.55664	-0.12575	0.894871
数学	0.631295	0.450355	-0.43251	0.788414
英語	0.618196	-0.09887	0.568173	0.714763
理科	0.697442	0.631552	0.195865	0.923646
社会	0.714444	-0.3411	-0.16787	0.654956
寄与量	2.346763	1.037648	0.592239	3.97665
寄与率	0.469353	0.20753	0.118448	0.79533

　　　　回転後のバリマックス基準値　　10.64677

因子負荷量と共通性

	a1	a2	a3	h^2
国語	0.920583	0.062197	0.208636	0.894871
数学	0.259865	0.847123	-0.05717	0.788414
英語	0.305824	0.077163	0.784398	0.714763
理科	-0.0129	0.795807	0.538676	0.923646
社会	0.762593	0.214063	0.166086	0.654956
寄与量	1.590246	1.406571	0.979833	3.97665
寄与率	0.318049	0.281314	0.195967	0.79533

RMAX法で解析します．

● **因子数の決定**

　相関行列の固有値と，相関行列の対角要素に相関行列の行（列）の最大値を代入した行列の固有値をみて，因子数を決定します．因子数を3とします．

● **因子負荷量と共通性**

　非反復解法では3つの因子で情報の69.8％が説明されています．共通性の値が安定するまで，因子負荷量を求めます．最大反復回数を100回と設定した結果，収束判定条件 $\varepsilon = 0.00001$ のもとで，95回の反復で収束しました．因子1の寄与量は2.346763，寄与率は0.469353です．因子2の寄与量は1.037648，寄与率は0.20753です．因子3の寄与量は0.592239，寄与率は0.118448です．

3つの因子の寄与量は3.97665，累積寄与率は0.79533となりました．3つの因子で情報の79.5%が説明されています．共通性をみると，国語の情報の89.5%，数学の情報の78.8%，英語の情報の71.5%，理科の情報の92.4%，英語の情報の65.5%が3つの因子で説明されています．

● 因子の解釈

回転前

因子1：因子負荷量はいずれの変量に関しても正で値が大きいので，教科によらず総合的な能力を示す因子と解釈されます．

因子2：因子負荷量は国語，英語，社会は負，数学，理科は正になっています．文系の能力か，理系の能力かの違いを示す因子と解釈されます．

因子3：因子負荷量は英語と理科が正，国語，数学，社会が負です．英語が少し大きな値を示しますので，英語の能力を示す因子と解釈されます．

回転後

因子1：因子負荷量は国語と社会が正で大きいので，文系の能力を示す因子と解釈されます．

因子2：因子負荷量は数学と理科が正で大きいので，理系の能力を示す因子と解釈されます．

因子3：因子負荷量は英語と理科が正で大きいので，英語と理科の能力を示す因子と解釈されます．

● 因子得点の推定

相関行列によるデータでは，個々のデータがありませんので，因子得点の推定は行いません．

注意　反復解法で共通性の値が1を超えてしまった場合は，収束判定条件 $\varepsilon = 0.00001$ を満たさなくても，反復を打ち切ります．その場合反復回数の値の隣のセルに「＊＊＊＊＊」が表示されます．また設定した反復回数で収束しない場合も，「＊＊＊＊＊」が表示されます．

4 判別分析(1)

Discriminant Analysis

― 2群の判別 ―

> **テーマ** 2群を判別するための判別関数を求め，ある観測値の所属する群を判別する．

　p 個の変量 $x_1, x_2, \cdots, x_p$ の値が，2群の標本について観測されているとします．この2群のどちらに属するかわからない1つの観測値 $\boldsymbol{x}$ が第1群に属するのか，第2群に属するのか判別するためのルールを作ることが目的です．

　たとえば，例題08のように健常人グループA群と患者グループB群に対して，血中のある物質 X_1 と X_2 を測定して得たデータから健常人と患者とを判別する分析などに使います．

　2群の母集団分布の平均ベクトルを $\boldsymbol{\mu}_1, \boldsymbol{\mu}_2$，分散共分散行列を Σ_1, Σ_2 とします．各群の重心（平均ベクトル）と $\boldsymbol{x}$ との距離を定義し，距離の短い方の群に属すると判別しようというのが距離を用いた判別分析の考え方です．距離は変量の分散や変量間の相関を考慮して計算される**マハラノビスの汎距離**（Mahalanobis' generalized distance）

$$\Delta_k{}^2 = {}^t(\boldsymbol{x} - \boldsymbol{\mu}_k) \Sigma_k{}^{-1} (\boldsymbol{x} - \boldsymbol{\mu}_k) \quad (k = 1, 2)$$

を用います．

4-1 線形判別関数

　2群が多変量正規母集団で分散共分散行列が等しいと仮定したとき，母集団の推定値として

観測値を用いて，各群の重心は変量 $x_1, x_2, \cdots, x_p$ の平均を座標とする点 $\bar{x}_1, \bar{x}_2$，2群の分散共分散行列 S_1, S_2 をプールした分散共分散行列 $S = \dfrac{(n_1-1)S_1 + (n_2-1)S_2}{n_1 + n_2 - 2}$（ただし，$n_1, n_2$ は各群からのデータ数）より，マハラノビスの汎距離を

$$D_k{}^2 = {}^t(\boldsymbol{x} - \bar{\boldsymbol{x}}_k)\, S^{-1}\, (\boldsymbol{x} - \bar{\boldsymbol{x}}_k) \quad (k = 1, 2)$$

で計算します．

$D_2{}^2 \geqq D_1{}^2$ ならば，$\boldsymbol{x}$ は第1群に属すると判別します．
$D_2{}^2 < D_1{}^2$ ならば，$\boldsymbol{x}$ は第2群に属すると判別します．

$z = D_2{}^2 - D_1{}^2$ とおくと，このルールは z の値の正負で判別するのと同じです．

変量 $x_1, x_2, \cdots, x_p$ の分散と変量間の相関が2群で等しいとき，z は次のような1次式で表されます．

$$z = a_0 + a_1 x_1 + a_2 x_2 + \cdots + a_p x_p$$

z を**線形判別関数**といいます．

■ 誤判別の確率

2群の母集団分布が分散共分散行列の等しい多変量正規分布 $N(\boldsymbol{\mu}_1, \Sigma), N(\boldsymbol{\mu}_2, \Sigma)$ であるとき，

$$\Delta^2 = {}^t(\boldsymbol{\mu}_1 - \boldsymbol{\mu}_2)\, \Sigma^{-1}\, (\boldsymbol{\mu}_1 - \boldsymbol{\mu}_2)$$

を $\boldsymbol{\mu}_1$ と $\boldsymbol{\mu}_2$ との間の**マハラノビスの平方距離**といいます．

Δ^2 によって**誤判別率**がわかります．

誤判別率 P_1 を第1群の観測値を第2群と誤って判別する確率，P_2 を第2群の観測値を第1群と誤って判別する確率とすると，$P_1 = P_2 = \Phi(-\Delta/2)$ となります．Φ は標準正規分布の累積分布関数です．

観測値から計算する場合は

$$D^2 = {}^t(\bar{\boldsymbol{x}}_1 - \bar{\boldsymbol{x}}_2)\, S^{-1}\, (\bar{\boldsymbol{x}}_1 - \bar{\boldsymbol{x}}_2)$$

を用いてマハラノビスの平方距離を推定します．

判別ルールを適用して，第1群であるのに第2群と誤って判別される例数 m_1，第2群であるのに第1群と誤判別される例数 m_2 を数えて

$$P_1 = m_1/n_1, \quad P_2 = m_2/n_2$$

で誤判別率を求めることもできます．

※ Mulcel ではマハラノビスの平方距離と誤判別率を表示します．またデータが列挙データフォームの場合は判別得点を求めてから，判別結果として正判別率を表示します．

■ 分散共分散行列の等分散性の検定

● ボックスの M 検定

$g (\geqq 2)$ 個の群について検定します．g 個の群全体の標本数を n，第 i 群の標本数を n_i，分

散共分散行列を S_i とします．

$S_w = \dfrac{1}{n-g}\sum_{i=1}^{g}(n_i-1)S_i$ を群内分散共分散行列（プールした分散共分散行列），変量の個数 p のとき，

$$M = (n-g)\log|S_w| - \sum_{i=1}^{g}(n_i-1)\log|S_i|$$

$$c = 1 - \dfrac{2p^2+3p-1}{6(p+1)(g-1)}\left\{\sum_{i=1}^{g}\dfrac{1}{n_i-1} - \dfrac{1}{n-g}\right\}$$

とすると，「各 S_i は等しい母分散共分散行列をもつ多変量正規分布からの標本分散共分散行列である」という仮説のもとで，統計量 $c \times M$ が自由度 $(g-1)p(p+1)/2$ の χ^2 分布に従うことを利用します．

χ^2 値や P 値によって有意性を検定します．有意の場合は仮説が棄却されます．

■ 線形判別関数の係数の検定

得られた線形判別関数に各変量が判別にどの程度寄与しているかは，

$$z = a_0 + a_1 x_1 + a_2 x_2 + \cdots + a_p x_p$$

の係数 a_i を検定して判断します．

帰無仮説 H_0：「$a_i = 0$」， 対立仮説 H_1：「$a_i \neq 0$」を検定します．

マハラノビスの平方距離を用いた統計量が，自由度 $(1, n_1+n_2-p-1)$ の F 分布に従うことを利用します．

■ 線形判別関数で分析できるデータフォーム

① 列挙データフォーム

変量群名は各群のデータの先頭の行におきます．

	変量名1	変量名2	‥‥‥	変量名 p
変量群名1	数値 ・ ・ ・ 数値	数値 ・ ・ ・ 数値	‥‥‥ ‥‥‥	数値 ・ ・ ・ 数値
変量群名2	数値 ・ ・ ・	数値 ・ ・ ・	‥‥‥ ‥‥‥	数値 ・ ・ ・
・ ・ ・	・ ・ ・	・ ・ ・	‥‥‥ ‥‥‥	・ ・ ・
変量群名 g	数値 ・ ・	数値 ・ ・	‥‥‥	数値 ・ ・

② 集計済みデータフォーム

次の (1)～(3) の情報が決められたレイアウトでセルに入力されているとき，集計済みデータフォームで分析できます．

(1) 変量群の数と変量の数

グループ数	変量の数
数値	数値

(2) **変量群**ごとに次の (2)-1 と (2)-2

(2)-1 各変量のデータの平均と不偏分散

グループ	データ数
変量群名 1	数値

変量	平均	不偏分散
変量名 1	数値	数値
変量名 2	数値	数値
・	・	・
・	・	・
・	・	・
変量名 p	数値	数値

(2)-2 各変量のデータの分散共分散行列，または相関行列

・分散共分散行列

	変量名 1	変量名 2	‥‥	変量名 p
変量名 1	数値	数値	‥‥	数値
変量名 2	数値	数値	‥‥	数値
・	・	・		・
・	・	・		・
・	・	・		・
変量名 p	数値	数値	‥‥	数値

・相関行列

	変量名 1	変量名 2	‥‥	変量名 p
変量名 1	1	数値	‥‥	数値
変量名 2	数値	1		数値
・	・	数値		・
・	・	・		・
・	・	・		・
変量名 p	数値	数値	‥‥	1

【Excel のシート上のレイアウト】

a) データ範囲の**先頭行**の第 1 列に「グループ数」，第 2 列に「変量の数」という文字列を入力し，第 2 行に変量群の個数の数値と変量の個数の数値を入力します．

b) **2 行の空白行**をおいて，第 5 行の第 1 列に「グループ」，第 2 列に「データ数」という文字列を入力します．第 6 行目の第 1 列に変量群名 1 の文字列，第 2 列にデータ数に相当する数値を入力します．

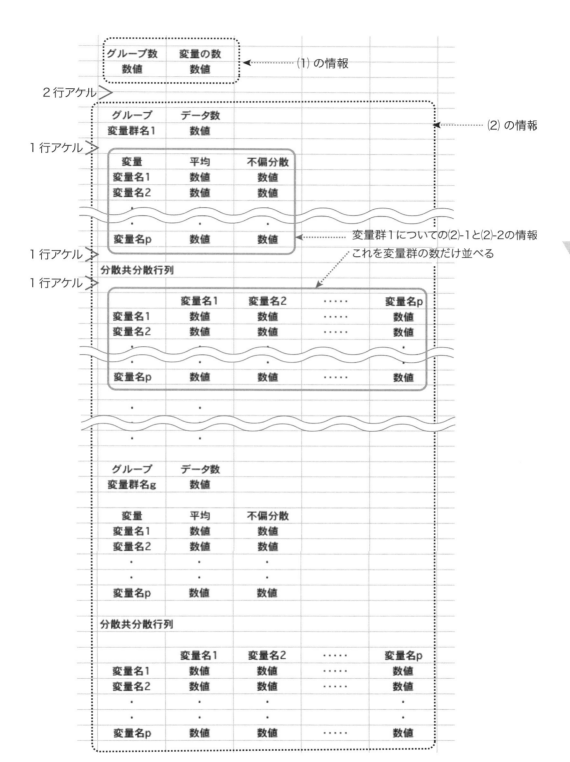

c) **1行の空白行**をおいて，第8行の第1列に「変量」，第2列に「平均」，第3列に「不偏分散」という文字列を入力します．p個の変量について，変量名の文字列と平均の数値，不偏分散の数値を入力します．

d) 次に必ず**1行の空白行**をおいて，第1列に「**分散共分散行列**」という文字列を入力します．
　次に必ず，**1行の空白行**をおいて変量群1の分散共分散行列を入力します．

　以上で変量群1のデータが入力されますが，変量群2から変量群gまでのデータを入力するにはb)からの入力を繰り返します．入力する列は変わりませんが，行は変わり，変量群1のデータの下に入力します．

　「相関行列」で分析する場合は，各変量の平均と不偏分散を入力したあと，必ず**1行の空白行**をおいて，第1列に「**相関行列**」という文字列を入力します．次に必ず**1行の空白行**をおいて，相関行列を入力します．

　「グループ数」の数値と「グループ」という文字列の個数が一致しているかどうかを調べて処理をしますので，決められたセルに必ず情報を入力します．

例題 08 ■ 判別分析：線形判別関数

　健常人グループA群と患者グループB群に対して，血中のある物質X1とX2を測定したところ，次のデータを得ました．
　このデータから健常人と患者とを判別する線形判別関数を求めなさい．
　判別においてどの変量が大きくかかわっているか検定しなさい．
　KさんはX1 = 100，X2 = 5.5でした．Kさんはどちらのグループに属すると考えられるでしょうか．

❖ 準備するデータ

列挙データフォーム

	X1	X2
A	85	5.5
	78	4.2
	115	7.1
	80	4.6
	75	5.8
	88	4.5
B	135	8.2
	110	6.4
	128	8
	137	5.9
	130	7.5
	148	9
	118	6.2

❖ データの解析手順

　列挙データフォームのデータをMulcelで解析する手順を解説します．

1） 列挙データフォームのデータを準備します．

2） メニューバーの「多変量解析」から「判別分析」を選択すると，サブメニューが現れます．ここから「2群の判別」→「線形判別関数」を選択します．

3）「範囲・データフォーム」のダイアログボックスが現れます．
必要な設定の後，「OK」ボタンを押します．（範囲指定の詳細は18頁）

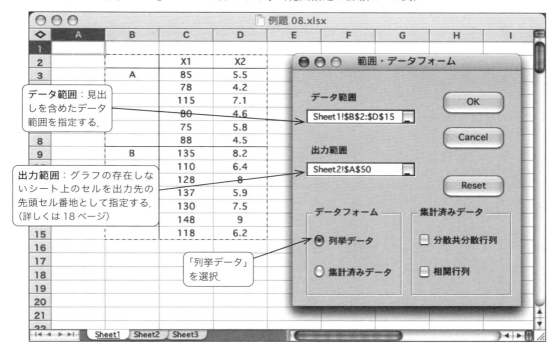

4） しばらくして，計算結果が表示されます．

❖ 解析結果の分析

判別分析

グループ数	変量の数
2	2

グループ	データ数
A	6

変量	平均	不偏分散	標準偏差	標準誤差
X1	86.83333	212.5667	14.57967	5.952124
X2	5.283333	1.173667	1.083359	0.442279

分散共分散行列

	X1	X2
X1	212.5667	11.59667
X2	11.59667	1.173667

相関行列

	X1	X2
X1	1	0.734198
X2	0.734198	1

グループ	データ数
B	7

変量	平均	不偏分散	標準偏差	標準誤差
X1	129.4286	157.2857	12.54136	4.740189
X2	7.314286	1.368095	1.169656	0.442088

分散共分散行列

	X1	X2
X1	157.2857	9.192857
X2	9.192857	1.368095

相関行列

	X1	X2
X1	1	0.626683
X2	0.626683	1

2群の線形判別関数

分散共分散行列(プール)

	X1	X2
X1	182.4134	10.2855
X2	10.2855	1.279719

分散共分散行列の等分散性の検定

χ^2値	自由度	P値	χ^2(0.05)	χ^2(0.01)
0.305165	3	0.959054	7.814728	11.34487

線形判別関数の係数と定数項

X1	-0.26339
X2	0.529903
定数項	25.14267

マハラノビスのD2	10.14288
誤判別率	0.055648

係数の有意性の検定

係数	D2(-i)	自由度1	自由度2	F値	P値	F(0.05)	F(0.01)
X1	3.223183	1	10	10.44018	0.009004	4.964603	10.04429
X2	9.946386	1	10	0.147172	0.709282	4.964603	10.04429

判別得点

No.	A	No.	B
1	5.66913	1	-6.06955
2	6.823974	2	-0.43866
3	-1.38467	3	-4.33181
4	6.509158	4	-7.8151
5	8.461984	5	-5.12354
6	4.349062	6	-9.06967
		7	-2.65175

判別結果

	A	B	正判別率
A	5	1	0.833333
B	0	7	1

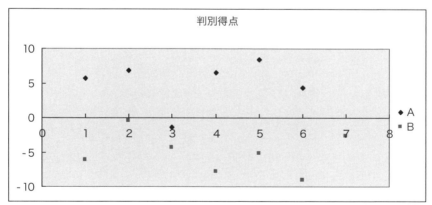

　A群, B群の基本統計量と分散共分散行列, 相関行列が表示されます. ついで, 2群をプールした分散共分散行列と分散共分散行列の等分性の検定が表示されます.

　分散共分散行列の等分散性に関する検定において, P値＝0.959054ですから, 検定は有意ではなく, 等分散ということになります. 線形判別関数を求めることができます.

　線形判別関数は

$$z = -0.26339 * X1 + 0.529903 * X2 + 25.14267$$

となります．
         $z \geqq 0$　ならば　A 群に判別
         $z < 0$　ならば　B 群に判別
となります．

　判別得点を Y 軸の数値 0 で 2 群を判別するようにグラフを描くと，それぞれの群の何番目が誤判別であるか明確になります．

　判別結果は

	A	B	正判別率
A	5	1	0.833333
B	0	7	1

となります．

　2 群の平均間の推定値，マハラノビスの平方距離 $D^2 = 10.14288$ となり判別力が分かります．

　誤判別率＝ 0.055648 と推定されます．

　線形判別関数の係数の検定では，

　X1 の係数の P 値＝ 0.009004 ですから，危険率 1% で有意です．

　X2 の係数の P 値＝ 0.709282 ですから，有意ではありません．

　変量 X1 が判別に大きくかかわっているといえます．

　K さんの測定値　X1 ＝ 100，X2 ＝ 5.5 を判別関数 z に代入すると，$z = 1.718306 > 0$ ですから，K さんは健常人グループ A 群に判別されます．

4-2　2 次判別関数

　前節の線形判別関数による判別は 2 群の分散共分散行列が等しいという仮定のもとに導かれました．2 群の分散共分散行列が等しくないときにも，同じようにマハラノビスの汎距離の近い方に判別するというルールに従って関数を導くと，次のようになります．

　各群の重心は変量 $x_1, x_2, \cdots, x_p$ の平均を座標とする点 $\bar{x}_1, \bar{x}_2$，2 群の分散共分散行列 S_1，S_2 とするとき，観測値 x と重心とのマハラノビスの汎距離を

$$D_k^2 = {}^t(x - \bar{x}_k) S_k^{-1} (x - \bar{x}_k) \quad (k = 1, 2)$$

で推定し，

　　　　　$D_2^2 \geqq D_1^2$ ならば，x は第 1 群に属すると判別します．
　　　　　$D_2^2 < D_1^2$ ならば，x は第 2 群に属すると判別します．

$$\begin{aligned}
2Q(x) &= D_2^2 - D_1^2 \\
&= {}^t(x - \bar{x}_2) S_2^{-1} (x - \bar{x}_2) - {}^t(x - \bar{x}_1) S_1^{-1} (x - \bar{x}_1) \\
&= {}^t x (S_2^{-1} - S_1^{-1}) x - 2 {}^t x (S_2^{-1} \bar{x}_2 - S_1^{-1} \bar{x}_1) + ({}^t \bar{x}_2 S_2^{-1} \bar{x}_2 - {}^t \bar{x}_1 S_1^{-1} \bar{x}_1)
\end{aligned}$$

分散共分散行列が等しくないときは2次の項が残り，2次判別関数 $Q(x) = (D_2^2 - D_1^2)/2$ の正負によって判別します．

■ 2次判別関数で分析できるデータフォーム
「4-1 線形判別関数」と全く同じです．詳しくは79ページをご覧ください．
① 列挙データフォーム
② 集計済みデータフォーム

例題 09 ■ 判別分析：2次判別関数

2グループA群，B群に対する肝機能検査のAST（GOT），ALT（GPT），γ-GTPの測定データを得ました．2群の判別関数を求めなさい．
OさんはAST = 25, ALT = 18, γ-GTP = 23でした．Oさんはどちらの群に属すると考えられるでしょうか．

例題08と同じ手順で線形判別関数を求めてみると，分散共分散行列の等分散性の検定において次のようになりました．

分散共分散行列の等分散性の検定

χ^2値	自由度	P値	$\chi^2(0.05)$	$\chi^2(0.01)$
24.29915	6	0.00046	12.59159	16.81189

危険率1%で有意となります．2つの群の分散共分散行列は異なると考えられます．2次判別関数を求めます．

❖ 準備するデータ

列挙データフォーム

	AST	ALT	γ-GTP
A	24	48	32
	15	15	13
	17	9	10
	15	11	11
	51	53	45
	16	7	10
	26	43	32
	23	28	26
B	16	9	10
	21	14	7
	19	9	11
	23	19	29
	19	15	10
	19	9	15
	23	10	20

❖ データの解析手順

列挙データフォームのデータを Mulcel で解析する手順を解説します．

1） 列挙データフォームのデータを準備します．

2） メニューバーの「多変量解析」から「判別分析」を選択すると，サブメニューが現れます．ここから「2群の判別」→「2次判別関数」を選択します．

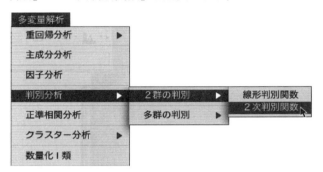

3）「範囲・データフォーム」のダイアログボックスが現れます．
必要な設定の後，「OK」ボタンを押します．（範囲指定の詳細は18頁）

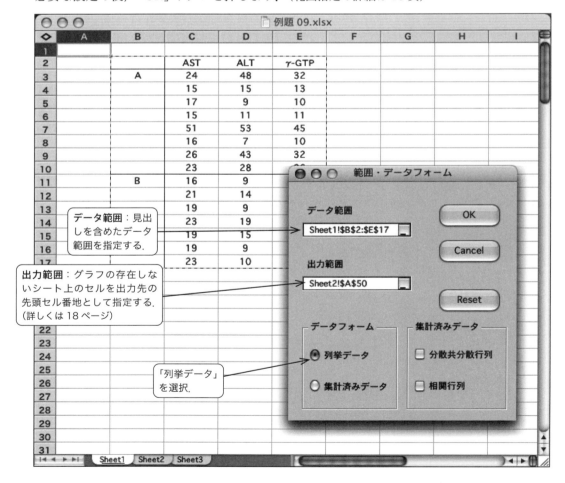

4）しばらくして，計算結果が表示されます．

❖ 解析結果の分析

判別分析

グループ数	変量の数
2	3

グループ	データ数
A	8

変量	平均	不偏分散	標準偏差	標準誤差
AST	23.375	143.6964	11.98734	4.238166
ALT	26.75	356.7857	18.88877	6.678189
γ-GTP	22.375	176.2679	13.27659	4.693984

分散共分散行列

	AST	ALT	γ-GTP
AST	143.6964	181.3929	142.6964
ALT	181.3929	356.7857	244.6786
γ-GTP	142.6964	244.6786	176.2679

相関行列

	AST	ALT	γ-GTP
AST	1	0.801112	0.89661
ALT	0.801112	1	0.975676
γ-GTP	0.89661	0.975676	1

グループ	データ数
B	7

変量	平均	不偏分散	標準偏差	標準誤差
AST	20	6.333333	2.516611	0.95119
ALT	12.14286	15.47619	3.933979	1.486904
γ-GTP	14.57143	58.28571	7.634508	2.885573

分散共分散行列

	AST	ALT	γ-GTP
AST	6.333333	5.333333	13
ALT	5.333333	15.47619	14.07143
γ-GTP	13	14.07143	58.28571

相関行列

	AST	ALT	γ-GTP
AST	1	0.538704	0.676622
ALT	0.538704	1	0.468517
γ-GTP	0.676622	0.468517	1

2群の2次判別関数

分散共分散行列（プール）

	AST	ALT	γ-GTP
AST	80.29808	100.1346	82.83654
ALT	100.1346	199.2582	138.2445
γ-GTP	82.83654	138.2445	121.8146

分散共分散行列の等分散性の検定

χ^2値	自由度	P値	$\chi^2(0.05)$	$\chi^2(0.01)$
24.29915	6	0.00046	12.59159	16.81189

2次判別関数の係数と定数項

2次の係数

	AST	ALT	γ-GTP
AST	0.122872	-0.14137	0.121884
ALT	-0.14137	-0.02198	0.247757
γ-GTP	0.121884	0.247757	-0.23817

1次の係数と定数項

AST	-4.91308
ALT	0.030715
γ-GTP	1.101189
定数項	40.86776

判別得点

No.	A	No.	B
1	47.21806	1	0.847332
2	4.670032	2	-15.3252
3	-0.06443	3	-0.50551
4	2.554397	4	-26.8187
5	105.5446	5	-5.38193
6	1.057849	6	-2.68808
7	32.49265	7	-9.16546
8	6.334807		

判別結果

	A	B	正判別率
A	7	1	0.875
B	1	6	0.857143

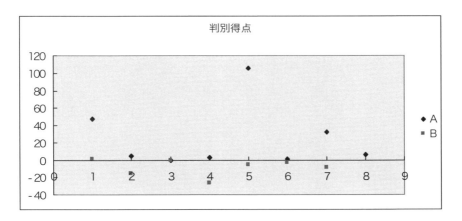

　A群，B群の基本統計量と分散共分散行列，相関行列が表示されます．ついで，2群をプールした分散共分散行列と分散共分散行列の等分性の検定が表示されます．

　次に2次判別関数の係数と定数項が表示されます．2次の係数は行列の形で表示されます．対角要素は2乗を意味します．

　2次判別関数は

$$Q = 0.122872 * \mathrm{AST}^2 - 0.02198 * \mathrm{ALT}^2 - 0.23817 * \gamma\text{-}\mathrm{GTP}^2$$
$$- 0.14137 * \mathrm{AST} * \mathrm{ALT} + 0.121884 * \mathrm{AST} * \gamma\text{-}\mathrm{GTP} + 0.247757 * \mathrm{ALT} * \gamma\text{-}\mathrm{GTP}$$
$$- 4.91308 * \mathrm{AST} + 0.030715 * \mathrm{ALT} + 1.101189 * \gamma\text{-}\mathrm{GTP} + 40.86776$$

となります．

　　　　$Q \geqq 0$　ならば　A群に判別
　　　　$Q < 0$　ならば　B群に判別

となります．

　判別得点をY軸の数値0で2群を判別するようにグラフを描くと，それぞれの群の何番目が誤判別であるか明確になります．

　判別結果は

	A	B	正判別率
A	7	1	0.875
B	1	6	0.857143

となります．

　OさんのAST測定値 AST = 25，ALT = 18，γ-GTP = 23 を判別関数 Q に代入すると，

　$Q = -18.5937 < 0$ ですから，OさんはB群に属すると判別されます．

5 判別分析(2)

Discriminant Analysis

― 多群の判別 ―

テーマ $g\,(\geqq 2)$ 個の群の判別関数を導き，観測値 x がどの群に属するか判別する．

p 個の変量 $x_1, x_2, \cdots, x_p$ の値が，g 個の群の標本について観測されているとします．所属のわからない1つの観測値 x が得られたとして，これを g 個の群のどれに属するのか判別するためのルールを作ることが目的です．

5-1 線形判別関数 (変数選択)

母集団分布の平均ベクトルが $\mu_1, \mu_2, \cdots, \mu_g$，分散共分散行列が共通で Σ であるような場合を考えます．2群の場合と同じように，観測値 x と各群の重心（平均ベクトル）との間のマハラノビスの汎距離

$$\Delta_i^2 = {}^t(x-\mu_i)\,\Sigma^{-1}(x-\mu_i) \qquad (i=1,2,\cdots,g)$$

が最小になるような群に判別します．

未知の平均ベクトル $\mu_1, \mu_2, \cdots, \mu_g$，分散共分散行列 Σ の推定値として，データの平均ベクトル $\bar{x}_1, \bar{x}_2, \cdots, \bar{x}_g$ とプールした分散共分散行列 $S = \dfrac{1}{n-g}\displaystyle\sum_{i=1}^{g}(n_i-1)S_i$（$n_i, S_i$ は i 群のデータ数と分散共分散行列，n は総データ数 $(n = \displaystyle\sum_{i=1}^{g} n_i)$）を用いて

― 93 ―

$$D_i{}^2 = {}^t(\boldsymbol{x} - \bar{\boldsymbol{x}}_i)\, S^{-1}\, (\boldsymbol{x} - \bar{\boldsymbol{x}}_i) \qquad (i = 1, 2, \cdots, g)$$

を計算し，$D_i{}^2$ を最小にする群に判別にします．$D_i{}^2$ の中の $\boldsymbol{x}$ の 2 次の項は i によらず一定なので，$D_i{}^2$ を最小にする i を求めることは次のような線形関数 $u_i(\boldsymbol{x})$ を最大にする i を求めることと同じになります．

$$u_i(\boldsymbol{x}) = {}^t\boldsymbol{x} S^{-1} \bar{\boldsymbol{x}}_i - \frac{1}{2}\, {}^t\bar{\boldsymbol{x}}_i S^{-1} \bar{\boldsymbol{x}}_i \qquad (i = 1, 2, \cdots, g)$$

■ 判別の有意性の検定

g 個の群がどの程度判別されるかを表す指標として **Wilks の Λ 統計量** があります．p 個の変量の，全体の平方和積和行列 T と，群内の平方和積和行列 W との行列式の比 $\Lambda = |W|/|T|$ で定義されます．Λ は 0 と 1 の間の値をとり，0 に近いほど良く判別されていることを表します．

Λ 統計量の分布は Rao によって F 分布に近似できることが示されました．

Λ から導いた統計量が「群間に差がない」という仮説のもとに F 分布に従うことを利用して検定します．

■ 係数の有意性の検定

ある特定の変量が判別にどの程度寄与しているかを検定します．

q 個の変量が g 群の判別に用いられているとき，q 個の変量による Λ 統計量と，特定の変量を除いた $q-1$ 個の変量による Λ 統計量を用いて，特定の変量の判別力を測ることができます．

■ 変数の選択

係数の有意性の検定を利用して，変数選択を行うことができます．

判別に用いられている変量からある変量を除くべきかどうか (変数減少法)，用いられている変量にある特定の変量を追加すべきか (変数増加法) をあらかじめ設定した F 値によって判断します．

■ 線形判別関数 (変数選択) で分析できるデータフォーム

「4-1 線形判別関数」と全く同じです．詳しくは 79 ページをご覧ください．

① 列挙データフォーム
② 集計済みデータフォーム

例題 ■ 10 ■ 判別分析：線形判別関数 (変数選択)

白血病患者の 3 グループ A 群，B 群，C 群に対する細胞表面マーカー CD2，CD3，CD4，CD5，CD7，CD8 の測定データより，3 群を判別することができるか検討しなさい．有用な変量を選択する変数選択法で判別関数を求めなさい．

❖ 準備するデータ

列挙データフォーム

	CD2	CD3	CD4	CD5	CD7	CD8
A	1	0	65	4	1	0
	2	1	0	2	75	1
	0	0	0	17	2	0
	0	0	0	1	1	0
	0	1	68	1	1	0
	0	1	78	0	0	0
	0	0	0	1	0	0
	0	0	83	0	0	0
	14	1	12	2	3	0
	4	1	49	1	1	0
	2	3	5	3	2	2
B	7	1	0	0	76	1
	0	0	14	1	4	0
	1	0	92	0	0	0
	0	0	47	0	0	0
	3	2	98	1	1	0
	0	1	89	0	1	0
	1	1	20	0	95	0
	1	0	0	12	10	0
	0	1	0	1	0	1
	0	1	71	12	1	0
	13	1	2	16	22	1
	3	0	1	1	90	1
C	16	15	8	28	15	20
	2	1	1	1	2	1
	2	1	1	44	34	1
	1	0	0	0	1	0
	1	1	1	2	2	2
	1	1	0	1	1	1
	5	5	25	6	7	3
	4	3	2	4	4	4
	1	1	0	1	2	1
	6	6	5	7	8	3

❖ データの解析手順

列挙データフォームのデータを Mulcel で解析する手順を解説します．

1） 列挙データフォームのデータを準備します．

2）メニューバーの「多変量解析」から「判別分析」を選択すると，サブメニューが現れます．ここから「多群の判別」→「線形判別関数（変数選択）」を選択します．

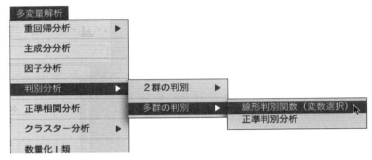

3）「変数選択法」のダイアログボックスが現れます．「変数増加法」か「変数減少法」のいずれかを選択します．また「F値」を設定します．デフォルトは「2」となっています．

4）「範囲・データフォーム」のダイアログボックスが現れます．必要な設定をした後，「OK」ボタンを押します．（範囲指定の詳細は18頁）

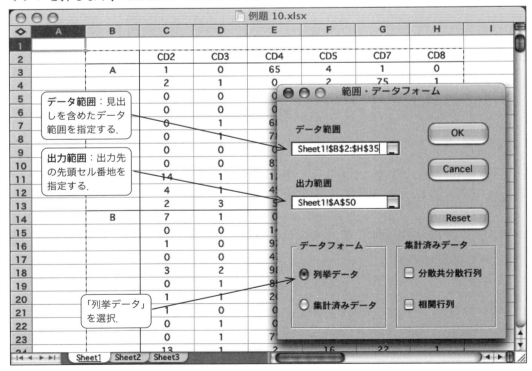

— 96 —

5) しばらくして「変数選択」のダイアログボックスが現われます．「選択する変数」と「強制組み込み変数」をリストボックスから選んだ後，「OK」ボタンを押します．

6) しばらくして，計算結果が表示されます．

❖ 解析結果の分析

判別分析

グループ数	変量の数
3	6

グループ	データ数
A	11

変量	平均	不偏分散	標準偏差	標準誤差
CD2	2.090909	17.29091	4.158234	1.253755
CD3	0.727273	0.818182	0.904534	0.272727
CD4	32.72727	1261.018	35.51082	10.70691
CD5	2.909091	23.29091	4.826066	1.455114
CD7	7.818182	497.3636	22.30165	6.724201
CD8	0.272727	0.418182	0.64667	0.194978

分散共分散行列

	CD2	CD3	CD4	CD5	CD7	CD8
CD2	17.29091	0.927273	-31.3727	-2.09091	2.118182	-0.02727
CD3	0.927273	0.818182	-3.98182	-0.82727	2.345455	0.481818
CD4	-31.3727	-3.98182	1261.018	-63.1273	-258.655	-8.81818
CD5	-2.09091	-0.82727	-63.1273	23.29091	-4.71818	-0.07273
CD7	2.118182	2.345455	-258.655	-4.71818	497.3636	5.554545
CD8	-0.02727	0.481818	-8.81818	-0.07273	5.554545	0.418182

相関行列

	CD2	CD3	CD4	CD5	CD7	CD8
CD2	1	0.246532	-0.21246	-0.10419	0.022841	-0.01014
CD3	0.246532	1	-0.12396	-0.18951	0.116269	0.823713
CD4	-0.21246	-0.12396	1	-0.36835	-0.3266	-0.384
CD5	-0.10419	-0.18951	-0.36835	1	-0.04384	-0.0233
CD7	0.022841	0.116269	-0.3266	-0.04384	1	0.385149
CD8	-0.01014	0.823713	-0.384	-0.0233	0.385149	1

グループ	データ数
B	12

変量	平均	不偏分散	標準偏差	標準誤差
CD2	2.416667	15.35606	3.918681	1.131226
CD3	0.666667	0.424242	0.651339	0.188025
CD4	36.16667	1649.424	40.6131	11.72399
CD5	3.666667	35.15152	5.928871	1.711518
CD7	25	1454.909	38.14327	11.01101
CD8	0.333333	0.242424	0.492366	0.142134

分散共分散行列

	CD2	CD3	CD4	CD5	CD7	CD8
CD2	15.35606	0.69697	-55.803	10.87879	42.81818	1.212121
CD3	0.69697	0.424242	8.060606	0.151515	-0.27273	0.030303
CD4	-55.803	8.060606	1649.424	-54.0303	-772.909	-12.8788
CD5	10.87879	0.151515	-54.0303	35.15152	-47.3636	0.30303
CD7	42.81818	-0.27273	-772.909	-47.3636	1454.909	8
CD8	1.212121	0.030303	-12.8788	0.30303	8	0.242424

相関行列

	CD2	CD3	CD4	CD5	CD7	CD8
CD2	1	0.273066	-0.35063	0.46824	0.286464	0.628229
CD3	0.273066	1	0.304715	0.039235	-0.01098	0.094491
CD4	-0.35063	0.304715	1	-0.22439	-0.49894	-0.64405
CD5	0.46824	0.039235	-0.22439	1	-0.20944	0.103807
CD7	0.286464	-0.01098	-0.49894	-0.20944	1	0.425975
CD8	0.628229	0.094491	-0.64405	0.103807	0.425975	1

グループ	データ数
C	10

変量	平均	不偏分散	標準偏差	標準誤差
CD2	3.9	21.43333	4.629615	1.464013
CD3	3.4	20.48889	4.526465	1.431394
CD4	4.3	59.56667	7.717944	2.440628
CD5	9.4	216.0444	14.69845	4.648058
CD7	7.6	105.1556	10.25454	3.24277
CD8	3.6	34.71111	5.891614	1.863092

分散共分散行列

	CD2	CD3	CD4	CD5	CD7	CD8
CD2	21.43333	20.82222	14.25556	29.26667	13.4	26.28889
CD3	20.82222	20.48889	15.31111	25.93333	11.4	25.4
CD4	14.25556	15.31111	59.56667	6.644444	6.022222	11.91111
CD5	29.26667	25.93333	6.644444	216.0444	147.1778	36.4
CD7	13.4	11.4	6.022222	147.1778	105.1556	14.48889
CD8	26.28889	25.4	11.91111	36.4	14.48889	34.71111

相関行列

	CD2	CD3	CD4	CD5	CD7	CD8
CD2	1	0.993626	0.398968	0.430088	0.282256	0.963814
CD3	0.993626	1	0.438274	0.389787	0.245601	0.952446
CD4	0.398968	0.438274	1	0.058571	0.076092	0.261949
CD5	0.430088	0.389787	0.058571	1	0.97646	0.420335
CD7	0.282256	0.245601	0.076092	0.97646	1	0.23982
CD8	0.963814	0.952446	0.261949	0.420335	0.23982	1

多群の線形判別関数（変数選択）

分散共分散行列（プール）

	CD2	CD3	CD4	CD5	CD7	CD8
CD2	17.82419	6.811313	-26.642	12.07192	20.42606	8.32202
CD3	6.811313	6.574949	6.221616	7.559798	4.101818	7.791717
CD4	-26.642	6.221616	1042.998	-38.8602	-367.812	-4.08828
CD5	12.07192	7.559798	-38.8602	85.46586	25.21394	11.00687
CD7	20.42606	4.101818	-367.812	25.21394	730.8012	9.131515
CD8	8.32202	7.791717	-4.08828	11.00687	9.131515	10.64162

分散共分散行列の等分散性の検定

χ^2値	自由度	P値	χ^2(0.05)	χ^2(0.01)
170.551	42	2.04E-17	58.12404	66.20624

全体の平方和積和行列

	CD2	CD3	CD4	CD5	CD7	CD8
CD2	554.0606	235.1212	-1138.09	433.2121	540	287.4242
CD3	235.1212	248.2424	-384.182	341.4242	-56	295.8485
CD4	-1138.09	-384.182	37723.64	-2434.82	-8761	-815.636
CD5	433.2121	341.4242	-2434.82	2826.242	441	470.4848
CD7	540	-56	-8761	441	24206	69
CD8	287.4242	295.8485	-815.636	470.4848	69	394.9697

群内の平方和積和行列

	CD2	CD3	CD4	CD5	CD7	CD8
CD2	534.7258	204.3394	-799.261	362.1576	612.7818	249.6606
CD3	204.3394	197.2485	186.6485	226.7939	123.0545	233.7515
CD4	-799.261	186.6485	31289.95	-1165.81	-11034.3	-122.648
CD5	362.1576	226.7939	-1165.81	2563.976	756.4182	330.2061
CD7	612.7818	123.0545	-11034.3	756.4182	21924.04	273.9455
CD8	249.6606	233.7515	-122.648	330.2061	273.9455	319.2485

5 判別分析／多群の判別

5-1 線形判別関数（変数選択）

変数選択の結果

F値の選択基準値	2
ステップ数	3
選択された変数	3
強制組込み変数	0
変数選択の方法	変数増加法

ステップ1

組み込まれた変数　　　CD3

線形判別関数

	A	B	C
CD3	0.110613	0.101395	0.517114
定数項	-0.04022	-0.0338	-0.87909

係数の有意性の検定

係数	自由度1	自由度2	F値	P値	F(0.05)	F(0.01)
CD3	2	30	3.877896	0.031774	3.31583	5.390346

判別の有意性の検定　Raoの近似

WilksのΛ	自由度1	自由度2	F値	P値	F(0.05)	F(0.01)
0.79458	2	30	3.877896	0.031774	3.31583	5.390346

ステップ2

組み込まれた変数　　　CD4

線形判別関数

	A	B	C
CD3	0.08138	0.068972	0.516126
CD4	0.030893	0.034264	0.001044
定数項	-0.53511	-0.6426	-0.87966

係数の有意性の検定

係数	自由度1	自由度2	F値	P値	F(0.05)	F(0.01)
CD3	2	29	3.562973	0.041342	3.327654	5.420445
CD4	2	29	2.803566	0.077067	3.327654	5.420445

判別の有意性の検定　Raoの近似

WilksのΛ	自由度1	自由度2	F値	P値	F(0.05)	F(0.01)
0.66584	4	58	3.269818	0.017406	2.530694	3.66109

ステップ3

組み込まれた変数　　　CD7

線形判別関数

	A	B	C
CD3	0.050878	0.008574	0.506631
CD4	0.042244	0.056742	0.004578
CD7	0.031674	0.062719	0.00986
定数項	-0.83359	-1.81294	-0.90858

係数の有意性の検定

係数	自由度1	自由度2	F 値	P 値	F（0.05）	F（0.01）
CD3	2	28	3.549223	0.042285	3.340386	5.452937
CD4	2	28	4.665251	0.017837	3.340386	5.452937
CD7	2	28	3.320698	0.050802	3.340386	5.452937

判別の有意性の検定 Rao の近似

Wilks のΛ	自由度1	自由度2	F 値	P 値	F（0.05）	F（0.01）
0.538186	6	56	3.389107	0.006374	2.265567	3.142698

判別得点と判別

A

No.	判別	A	B	C
1	A	1.943969	1.938033	-0.60117
2	B **	1.592845	2.89958	0.33754
3	A	-0.77024	-1.6875	-0.88886
4	A	-0.80192	-1.75022	-0.89872
5	A	2.121581	2.116834	-0.08081
6	B **	2.51235	2.621539	-0.04489
7	A	-0.83359	-1.81294	-0.90858
8	B **	2.672694	2.896677	-0.52864
9	A	-0.18076	-0.9353	-0.31744
10	A	1.318937	1.038729	-0.16779
11	C **	-0.40638	-1.37807	0.653919

B

No.	判別	A	B	C
1	B	1.624519	2.962299	0.347399
2	A **	-0.11547	-0.76767	-0.80506
3	B	3.052893	3.407358	-0.48744
4	A **	1.151896	0.853951	-0.69343
5	B	3.439791	3.82768	0.563152
6	B	3.008713	3.308424	0.015322
7	B	3.071214	5.288813	0.626291
8	A **	-0.51685	-1.18575	-0.80998
9	C **	-0.78271	-1.80437	-0.40195
10	B	2.248314	2.287061	-0.06708
11	A **	-0.00139	-0.31106	-0.17588
12	B	2.059322	3.888538	-0.01662

C
No.	判別	A	B	C
1	C	0.742653	-0.2896	6.875408
2	C	-0.67712	-1.62219	-0.37765
3	B **	0.336452	0.384832	-0.06214
4	A **	-0.80192	-1.75022	-0.89872
5	C	-0.67712	-1.62219	-0.37765
6	C	-0.75104	-1.74165	-0.39209
7	C	0.69863	0.087525	1.808035
8	C	-0.46977	-1.42286	0.659906
9	C	-0.71936	-1.67893	-0.38223
10	C	-0.0637	-0.97603	2.232973

判別結果

	A	B	C	正判別率
A	7	3	1	0.636364
B	4	7	1	0.583333
C	1	1	8	0.8

　A 群，B 群，C 群の基本統計量と分散共分散行列，相関行列が表示されます．ついで，3 群をプールした分散共分散行列と分散共分散行列の等分性の検定が表示されます．分散共分散行列の等分性の検定において，P 値＝ 2.04E-17 ですから，危険率 1％で有意です．3 群の分散共分散行列は異なると考えられます．さらに全体の平方和積和行列，群内の平方和積和行列が表示されます．

　変数選択の結果で，F 値の選択基準値，ステップ数，組み込まれた変数の基本情報が表示されます．

　ステップごとに係数の有意性と Wilks の Λ によって判別の有意性の検定結果が表示されます．

　最終ステップ 3 で選択された変数 CD3, CD4, CD7 の P 値はそれぞれ，0.042285, 0.017837, 0.050802 ですから，CD3, CD4 は危険率 5％で有意です．判別に寄与していると言えます．Wilks の Λ ＝ 0.538186 で P 値＝ 0.006374 ですから，判別は危険率 1％で有意です．

　関数は

$$u_1 = 0.050878 * CD3 + 0.042244 * CD4 + 0.031674 * CD7 - 0.83359 \quad \cdots\cdots \quad A$$
$$u_2 = 0.050878 * CD3 + 0.056742 * CD4 + 0.062719 * CD7 - 1.81294 \quad \cdots\cdots \quad B$$
$$u_3 = 0.506631 * CD3 + 0.004578 * CD4 + 0.00986 * CD7 - 0.90858 \quad \cdots\cdots \quad C$$

で，順に A 群，B 群，C 群を表す関数です．個々のデータでは選択された変数の値で関数 u_1, u_2, u_3 を計算して，最大値を与える群に属すると判別します．

　判別得点と判別のところで，誤判別の場合は「＊＊」が表示されます．

　判別結果は次のようになります．

	A	B	C	正判別率
A	7	3	1	0.636364
B	4	7	1	0.583333
C	1	1	8	0.8

5-2　正準判別分析

p 個の変量 $x_1, x_2, \cdots, x_p$ に対して任意の係数 $a_1, a_2, \cdots, a_p$ を用いて作られる合成変量を z とします．

$$z = a_1 x_1 + a_2 x_2 + \cdots + a_p x_p$$

この z についての全変動 S_T，群間変動 S_B，群内変動 S_W を考えます．z によって g 個の群がよく判別されるということを群間変動 S_B が全変動 S_T に対して大きくなることと考え，相関比 $\eta^2 = S_B/S_T$ を最大にするように係数 $a_1, a_2, \cdots, a_p$ を定めます．

これは群間変動 S_B と群内変動 S_W の比，$\lambda = S_B/S_W$ を最大にすることと同じです．

実際の計算は行列とベクトルを用いて，**固有値問題**を解き**固有値**と**固有ベクトル**を求めます．$s = \min(g-1, p)$ 個の正の固有値と，$(p-s)$ 個のゼロの固有値が求まります．

最大固有値 λ_1 に対応する固有ベクトル $\boldsymbol{a}_1 = {}^t(a_{11}, a_{21}, \cdots, a_{p1})$ の要素を用いて，線形結合

$$z_1 = a_{11} x_1 + a_{21} x_2 + \cdots + a_{p1} x_p$$

を作ります．これを**第 1 正準判別変量**といいます．

第 1 正準判別変量だけで十分判別できないときには，2 番目に大きい固有値 λ_2 に対応する固有ベクトル $\boldsymbol{a}_2 = {}^t(a_{12}, a_{22}, \cdots, a_{p2})$ の要素を用いて線形結合

$$z_2 = a_{12} x_1 + a_{22} x_2 + \cdots + a_{p2} x_p$$

を作ります．これを**第 2 正準判別変量**といいます．以下同様にして第 3，4，$\cdots$ 正準判別変量を求めることができます．

正準判別変量によってどの程度判別されるかの指標として，固有値や相関比が用いられます．**相関比**は $\eta_i^2 = \dfrac{\lambda_i}{1 + \lambda_i}$ で計算されます．

固有ベクトルは正準判別変量の群内の分散が 1 となるように基準化しておきます．また，正準判別変量の平均はグラフの表示を考えて，0 になるようにとります．

$$z_i = a_{1i} x_1 + a_{2i} x_2 + \cdots + a_{pi} x_p - (a_{1i} \bar{x}_1 + a_{2i} \bar{x}_2 + \cdots + a_{pi} \bar{x}_p) \quad (i = 1, 2, \cdots)$$

で正準判別変量を求めます．

■ 正準判別変量の有意性の検定

$$\Lambda_r = \prod_{i=r+1}^{s} \frac{1}{1 + \lambda_i} \qquad r = 0, 1, \cdots, s-1$$

を用いて，有効な正準判別変量が存在するかどうかを検定します．

$-\left\{ n - \dfrac{p+g}{2} - 1 \right\} \log \Lambda_r$ は自由度 $(p-r)(g-r-1)$ の χ^2 分布に従うことを利用します．

χ^2 値が棄却域を出たときの r までが，有効な正準判別変量と考えられます．

■ 正準判別分析で分析できるデータフォーム

「4-1 線形判別関数」と全く同じです．詳しくは 79 ページをご覧ください．

例題 11 ■ 判別分析：正準判別分析

例題 10（94 ページ）について正準判別分析法で 3 群を判別しなさい．

❖ 準備するデータ

例題 10（94 ページ）と同じ．

❖ データの解析手順

列挙データフォームのデータを Mulcel で解析する手順を解説します．

1）列挙データフォームのデータを準備します．

2）メニューバーの「多変量解析」から「判別分析」を選択すると，サブメニューが現れます．ここから「多群の判別」→「正準判別分析」を選択します．

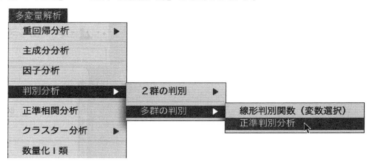

3）「範囲・データフォーム」のダイアログボックスが現れます．
必要な設定の後，「OK」ボタンを押します．（範囲指定の詳細は 18 頁）

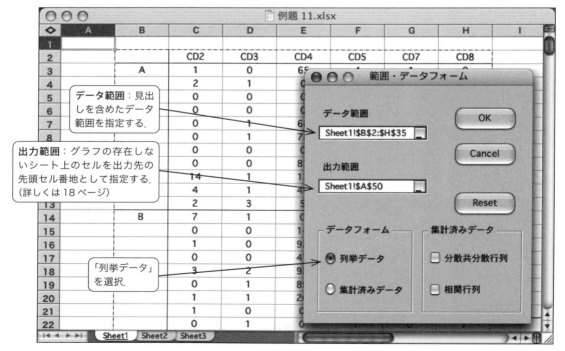

4）しばらくして，計算結果が表示されます．

	A	B	C	D	E	F	G	H	I
50	判別分析								
51									
52									
53	グループ数	変量の数							
54	3	6							
55									
56									
57	グループ	データ数							
58	A	11							
59									
60	変量	平均	不偏分散	標準偏差	標準誤差				
61	CD2	2.090909	17.29091	4.158234	1.253755				
62	CD3	0.727273	0.818182	0.904534	0.272727				
63	CD4	32.72727	1261.018	35.51082	10.70691				
64	CD5	2.909091	23.29091	4.826066	1.455114				

❖ 解析結果の分析

例題10の結果の表示と同じく，群ごとの基本統計量と分散共分散行列，相関行列が表示されます．ついで，3群をプールした分散共分散行列と分散共分散行列の等分性の検定が表示されます．さらに群間の平方和積和行列，群内の平方和積和行列が表示されます．さらに次の結果が表示されます．

固有値　固有ベクトル　　　相関比

	1	2
固有値	0.88704	0.069349

固有ベクトル

CD2	0.115685	-0.04244
CD3	-0.52168	0.069442
CD4	0.028394	0.003543
CD5	-0.01716	0.028727
CD7	0.021661	0.032748
CD8	0.14871	0.075928

相関比

	0.470069	0.0064851

正準判別変量の係数と定数項

	1	2
CD2	0.115685	-0.04244
CD3	-0.52168	0.069442
CD4	0.028394	0.003543
CD5	-0.01716	0.028727
CD7	0.021661	0.032748
CD8	0.14871	0.075928
定数項	-0.65738	-0.78344

正準判別変量の有意性の検定

r	自由度	χ^2値	P値	$\chi^2(0.05)$	$\chi^2(0.01)$
0	12	19.30662	0.081393	21.02607	26.21697
1	5	1.843864	0.8703	11.0705	15.08627

正準判別変量値

A

No.	1	2
1	1.256908	-0.44793
2	0.791289	1.790632
3	-0.90578	-0.22959
4	-0.65287	-0.72197
5	0.756205	-0.4116
6	1.035639	-0.43765
7	-0.67454	-0.75471
8	1.699287	-0.48937
9	0.811915	-1.10999
10	0.679466	-0.64869
11	-1.55982	-0.33875

B

No.	1	2
1	1.425694	1.553711
2	-0.19038	-0.57412
3	2.070513	-0.49993
4	0.67712	-0.61692
5	1.433384	-0.3632
6	1.369629	-0.36593
7	1.562309	2.425521
8	-0.531	-0.15368
9	-1.04751	-0.60934
10	0.652622	-0.08498
11	0.732322	-0.00265
12	1.799125	2.144789

C

No.	1	2
1	-3.58586	2.4216
2	-0.74442	-0.62519
3	-0.78916	1.658022
4	-0.52003	-0.79314
5	-0.72856	-0.47809
6	-0.91016	-0.61904
7	-1.48272	0.069516
8	-1.09005	-0.18819
9	-0.8885	-0.58629
10	-2.45209	0.087131

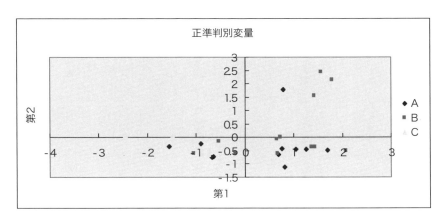

固有値は $\lambda_1 = 0.88704$, $\lambda_2 = 0.069349$ で第1固有値の方がかなり大きいので，ほとんど第1正準判別変量によって判別されていることが分かります．第1正準判別変量の相関比は 0.470069，第2正準判別変量の相関比は 0.064851 です．第1正準判別変量の全変動の中の群間変動の割合が47%ですから，あまりよい判別とはいえません．

第1正準判別変量

$$z_1 = 0.115685 * CD2 - 0.52168 * CD3 + 0.028394 * CD4 - 0.01716 * CD5 \\ + 0.021661 * CD7 + 0.14871 * CD8 - 0.65738$$

第2正準判別変量

$$z_2 = -0.04244 * CD2 + 0.069442 * CD3 + 0.003543 * CD4 \\ + 0.028727 * CD5 + 0.032748 * CD7 + 0.075928 * CD8 - 0.78344$$

となります．

正準判別変量の有意性の検定においても，第1，第2正準判別変量の P 値はそれぞれ 0.081393, 0.8703 ですから，有意とはいえません．しかし，第1正準判別変量の方が判別に寄与していることは明らかです．

個々のデータの CD2, CD3, CD4, CD5, CD7, CD8 の値を第1正準判別変量，第2正準判別変量に代入して正準判別変量値を計算します．

第1正準判別変量を横軸に，第2正準判別変量を縦軸にとった散布図が表示されます．横軸でのグループの判別がやや確認できます．

6 正準相関分析
Canonical Correlation Analysis

テーマ　　2つの変量群の間の関係を分析する.

　たとえば，学生80人の期末試験の結果について，前期の3科目と後期の4科目の関係が得られているとき，前期と後期の2つの変量群の間にどのような関係があるかを調べたり（例題13），2つの疾患について，それぞれがいくつかの変量で測定されているとき，2つの疾患の関係を調べたり（例題12）する手法が正準相関分析です．

　重回帰分析は説明変数（原因）$x_1, x_2, \cdots, x_p$ から目的変数（結果）y を
$$y = a_0 + a_1 x_1 + a_2 x_2 + \cdots + a_p x_p$$
という形で予測する方法でした．

　この重回帰分析を一般化して，正準相関分析は重回帰分析の目的変数 y の個数が1個でなく，複数個 $y_1, y_2, \cdots, y_q$ ある場合の分析法です．

　2つの変量群の一方を説明変数 $x_1, x_2, \cdots, x_p$ とし，他方を目的変数 $y_1, y_2, \cdots, y_q$ とします．これらの1次結合
$$u = a_1 x_1 + a_2 x_2 + \cdots + a_p x_p$$
$$v = b_1 y_1 + b_2 y_2 + \cdots + b_q y_q$$

の相関係数が最大になるように，重み係数 $a_1, a_2, \cdots, a_p, b_1, b_2, \cdots, b_q$ を定める手法が**正準相関分析**です．

　これは条件付き極値を求める**ラグランジュの定理**を用いて，**固有値問題**を解くことに帰着します．**固有値** $\lambda_1^2 \geqq \lambda_2^2 \geqq \cdots \geqq \lambda_r^2 \geqq 0$　$r = \min(p, q)$ と対応する**固有ベクトル**が求まります．u と v との相関が最大になるように選ぶことは，最大固有値 λ_1^2 に対応する固有ベクトルを用

いて1次結合 u_1 と v_1 を構成すればよいことがいえます．これを**第1正準変量**といいます．最大固有値の平方根 λ_1 は u_1 と v_1 の相関係数（**第1正準相関係数**）を表しています．

2つの変量群の間の相関関係が第1正準変量だけで十分に説明されない場合は，u_1 に無相関な u と v_1 に無相関な v で相関が最大なものを選びます．これは2番目に大きい固有値 λ_2^2 に対応する固有ベクトルを用いて1次結合 u_2 と v_2 を構成することになり，**第2正準変量**が求まります．この固有値の平方根 λ_2 が**第2正準相関係数**です．以下同様に大きい順に固有値の平方根が正準相関係数を与え，それぞれに対応する固有ベクトルを用いて正準変量を構成します．

■ 正準変量の解釈，正準負荷量と寄与率

平均0，分散1に標準化した変量から正準相関分析を行い，求められた係数の絶対値の大きさによって正準変量を解釈します．**正準負荷量**とは正準変量とそれを構成する変量との間の相関係数です．**寄与率**とは正準変量が変量群を説明する割合を示します．

■ 交差負荷量と冗長性指数

交差負荷量とは変量群の変量と相手側の正準変量との相関係数です．**冗長性指数**とは正準変量が相手側の変量群を説明する割合を示します．

■ 正準相関係数の検定

正準相関係数の有意性を調べるのに，次のバートレットの検定が知られています．

帰無仮説 H_0：「$\lambda_{s+1}^2 = \lambda_{s+2}^2 = \cdots = \lambda_r^2 = 0$」
対立仮説 H_1：「$\lambda_{s+1}^2, \lambda_{s+2}^2, \cdots, \lambda_r^2$ 中でゼロでないものがある」

を検定します．$s = 0, 1, 2, \cdots, r-1$ として r 通り求めます．χ^2 値や P 値によって判定します．この検定で有意にならなければ，正準相関分析を行う意味があまりないことになります．

■ 正準相関分析で分析できるデータフォーム

① 列挙データフォーム

各変量群名はそれぞれの群に含まれる最初の変量名の1行上のセルに入力します．

変量群名1				変量群名2			
変量名11	変量名12	‥‥‥	変量名1p	変量名22	変量名22	‥‥‥	変量名2q
数値	数値	‥‥‥	数値	数値	数値	‥‥‥	数値
数値	数値	‥‥‥	数値	数値	数値	‥‥‥	数値
・	・		・	・	・		・
・	・		・	・	・		・
数値	数値	‥‥‥	数値	数値	数値	‥‥‥	数値

② 集計済みデータフォーム

次の (1)〜(3) の情報が決められたレイアウトでセルに入力されているとき，集計済みデータフォームで分析できます．

(1) データの個数

データ数	数値

(2) 変量群名と各変量群の変量の個数

変量群名	変量の数
変量群名1	数値
変量群名2	数値

(3) 各変量のデータの相関行列

	変量名11	変量名12	⋯	変量名1p	変量名21	変量名22	⋯	変量名2q
変量名11	1	数値	⋯	数値	数値	数値	⋯	数値
変量名12	数値	1	・	・	・	・	・	・
・	・	数値	・	・	・	・	・	・
・	・	・	・	・	・	・	・	・
・	・	・	・	・	・	・	・	・
変量名1p	数値	・	・	1	・	・	・	・
変量名21	数値	・	・	数値	1	・	・	・
変量名22	数値	・	・	・	数値	1	・	・
・	・	・	・	・	・	数値	・	・
・	・	・	・	・	・	・	・	・
・	・	・	・	・	・	・	・	・
変量名2q	数値	数値	⋯	数値	数値	数値	⋯	1

【Excel のシート上のレイアウト】

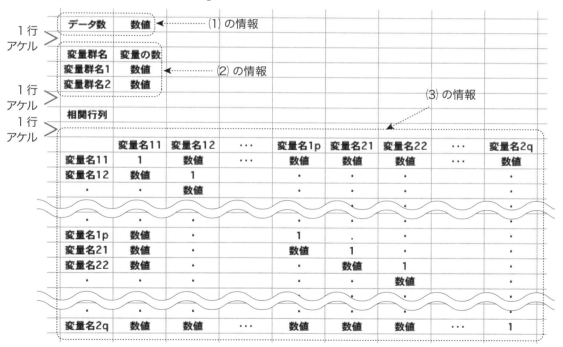

データ範囲の**先頭行**の第1列に「データ数」という文字列を入力し，第2列にデータ数に相当する数値を入力します．**1行の空白行**をおいて，**第3行**の第1列に「変量群名」，第2列に「変量の数」と入力します．

第4行の第1列に変量群名1を入力し，第2列に変量群1に含まれる変量の数に相当する数値を，第5行の第1列に変量群名2を入力し，第2列に変量群2に含まれる変量の数に相当する数値を入力します．

次に1行以上の空白行をおいて，第1列の「相関行列」という文字列を入力します．次に必ず，1行の空白行をおいて，相関行列を入力します．

例題 12 ■ 正準相関分析

糖尿病と高脂血症との関係を調べる目的で次の血中物質を測定しました．糖尿病に関しては空腹時血糖値，ヘモグロビンA1c（HbA1c），高脂血症に関しては総コレステロール（TC），中性脂肪（TG），HDLコレステロールとしました．健常人と，高血糖と思われる人，合わせて13人のデータです．糖尿病と高脂血症との関係を分析しなさい．

❖ 準備するデータ

列挙データフォーム

糖尿病		高脂血症		
血糖値	HbA1c	TC	TG	HDL
75	3.7	199	75	95
78	4.2	137	30	76
80	4.6	157	45	98
85	5.5	188	103	93
88	4.5	211	59	60
110	6.4	258	160	53
115	7.1	189	148	56
120	4.8	234	52	42
128	8	240	81	54
130	7.5	260	109	67
135	8.2	238	40	65
137	5.9	282	155	86
148	9	255	180	73

❖ データの解析手順

列挙データフォームのデータをMulcelで解析する手順を解説します．

1）列挙データフォームのデータを準備します．

2) メニューバーの「多変量解析」から「正準相関分析」を選択します．

3) 「範囲・データフォーム」のダイアログボックスが現れます．
必要な設定の後，「OK」ボタンを押します．（範囲指定の詳細は18頁）

4) しばらくして，計算結果が表示されます．

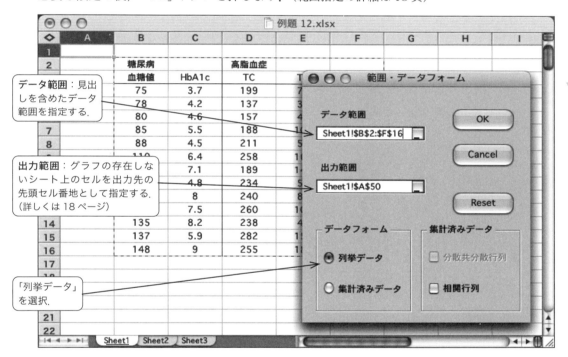

❖ 解析結果の分析

正準相関分析

データ数　　　　　　13

変量群名	変量の数
糖尿病	2

変量	平均	不偏分散	標準偏差	標準誤差
血糖値	109.9231	658.7436	25.666	7.118468
HbA1c	6.107692	2.979103	1.726008	0.478708

変量群名	変量の数
高脂血症	3

変量	平均	不偏分散	標準偏差	標準誤差
TC	219.0769	1865.577	43.19232	11.9794
TG	95.15385	2634.141	51.32388	14.23468
HDL	70.61538	324.4231	18.01175	4.99556

分散共分散行列

	血糖値	HbA1c	TC	TG	HDL
血糖値	658.7436	37.62564	906.4231	684.1795	-211.532
HbA1c	37.62564	2.979103	43.28269	44.97372	-11.1301
TC	906.4231	43.28269	1865.577	1270.404	-288.551
TG	684.1795	44.97372	1270.404	2634.141	-59.8526
HDL	-211.532	-11.1301	-288.551	-59.8526	324.4231

相関行列

	血糖値	HbA1c	TC	TG	HDL
血糖値	1	0.849343	0.817648	0.519389	-0.45757
HbA1c	0.849343	1	0.580584	0.507688	-0.35802
TC	0.817648	0.580584	1	0.573081	-0.3709
TG	0.519389	0.507688	0.573081	1	-0.06475
HDL	-0.45757	-0.35802	-0.3709	-0.06475	1

　　　　　　　　第 1 正準変量　第 2 正準変量

正準相関係数の 2 乗 λ^2

　　　　　　　　　0.739477　　　0.112453

正準相関係数 λ

　　　　　　　　　0.859928　　　0.33534

正準変量の標準化された係数（第 1 群）

血糖値	1.3476	-1.33159
HbA1c	-0.44171	1.842296

正準変量の標準化された係数（第2群）

TC	0.892282	-0.90782
TG	0.02884	1.220582
HDL	-0.20036	-0.40759

正準変量の係数（第1群）

血糖値	0.052505	-0.05188
HbA1c	-0.25591	1.067374

正準変量の係数（第2群）

TC	0.020658	-0.02102
TG	0.000562	0.023782
HDL	-0.01112	-0.02263

正準負荷量と寄与率（第1群）

血糖値	0.972441	0.233151
HbA1c	0.702869	0.71132
寄与率	0.719833	0.280167
累積寄与率	0.719833	1

正準負荷量と寄与率（第2群）

TC	0.983122	-0.05715
TG	0.553162	0.72672
HDL	-0.53317	-0.1499
寄与率	0.51893	0.18462
累積寄与率	0.51893	0.70355

交差負荷量と冗長性指数（第1群）

血糖値	0.836229	0.078185
HbA1c	0.604417	0.238534
冗長性指数	0.532299	0.031506
累積冗長性指数	0.532299	0.563805

交差負荷量と冗長性指数（第2群）

TC	0.845415	-0.01916
TG	0.47568	0.243698
HDL	-0.45849	-0.05027
冗長性指数	0.383737	0.020761
累積冗長性指数	0.383737	0.404498

バートレットの正準相関係数の検定

s	χ^2値	自由度	P値	$\chi^2(0.05)$	$\chi^2(0.01)$
0	13.17921	6	0.040277	12.59159	16.81189
1	1.073642	2	0.584604	5.991465	9.21034

正準変量の得点

第1正準変量

No.	第1群	第2群
1	-1.21749	-0.69733
2	-1.18793	-1.79208
3	-1.18528	-1.6152
4	-1.15308	-0.88659
5	-0.73965	-0.06909
6	-0.07077	1.036472
7	0.012622	-0.42907
8	0.863745	0.602343
9	0.46487	0.609106
10	0.697836	0.8934
11	0.781224	0.422391
12	1.474832	1.162384
13	1.259063	0.763263

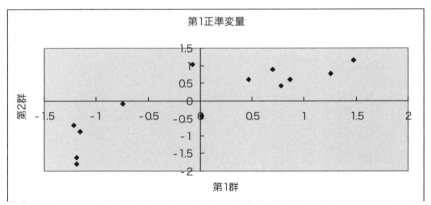

変量群ごとの基本統計量と2つの変量群を合わせた変量の分散共分散行列，相関行列が表示されます．

正準相関係数の2乗（固有値）は $\lambda_1^2 = 0.739477$, $\lambda_2^2 = 0.112453$ です．正準相関係数の検定において，帰無仮説 $H_0: \lambda_1^2 = \lambda_2^2 = 0$ に対して，χ^2 値 $= 13.17921$ (自由度6)，P 値 $= 0.040277$ ですから，対立仮説 $H_1: \lambda_1^2, \lambda_2^2$ のいずれかは0（ゼロ）でないが危険率5%で有意となります．$H_0: \lambda_2^2 = 0$ に対して，χ^2 値 $= 1.073642$ (自由度2)，P 値 $= 0.584604$ ですから，$H_1: \lambda_2^2 \neq 0$ は有意でなく，$\lambda_2^2 = 0$ ということになります．したがって，λ_1^2 が危険率5%で有意と判定されます．第1正準変量を考察することにします．

第1群と第2群の正準変量間の相関係数は0.859928でかなり高いです．

第1正準変量は各変量を平均0，分散1に標準化して，

第1群では　$u_1 = 1.3476 * 血糖値 - 0.44171 * HbA1c$
第2群では　$v_1 = 0.892282 * TC + 0.02884 * TG - 0.20036 * HDL$

と表せます．

第1群では血糖値の係数が大きく，第2群ではTCの係数が大きく，他の変量の係数は絶対値が小さいので，血糖値が第2群（高脂血症）との相関に大きく関与し，TCが第1群（糖尿病）との相関に大きく関与していることがわかります．正準負荷量では血糖値，TCの値が大きく，それぞれu_1，v_1に大きく関与していることがわかります．

寄与率は第1群で72%，第2群では51.8%でこれも比較的高いです．第1群（糖尿病）を説明（予測）する割合が72%で，第2群（高脂血症）を説明する割合が51.8%であることを意味しています．

冗長性指数は第1群で53.2%，第2群では38.4%です．このことは，第1群（糖尿病）から第2群（高脂血症）を説明する割合が53.2%であるのに，第2群（高脂血症）から第1群（糖尿病）を説明する割合が38.4%とやや低いことを意味しています．

正準変量の得点を求めるには，正準変量の標準化された係数による式では，個々のデータを平均0，分散1に標準化した値を，

$$第1群では \quad u = 1.3476 * 血糖値 - 0.44171 * HbA1c$$
$$第2群では \quad v = 0.892282 * TC + 0.02884 * TG - 0.20036 * HDL$$

に代入して計算します．

正準変量の係数による式では，個々のデータから平均を引いた値を

$$第1群では \quad u = 0.052505 * 血糖値 - 0.25591 * HbA1c$$
$$第2群では \quad v = 0.020658 * TC + 0.000562 * TG - 0.01112 * HDL$$

に代入して計算します．

第1正準変量の得点が散布図で表示されます．第1群と第2群の正準変量間の相関が高いことが分かります．

例題 13 ■ 正準相関分析

学生80人の期末試験の結果について，前期（X）の3科目，X1，X2，X3と後期（Y）の4科目，Y1，Y2，Y3，Y4を集計したところ，次の相関行列を得ました．
前期と後期の成績の関係をこのデータから分析しなさい．

	X1	X2	X3	Y1	Y2	Y3	Y4
X1	1	0.932	0.878	0.416	0.065	0.242	0.296
X2	0.932	1	0.804	0.294	0.007	0.198	0.213
X3	0.878	0.804	1	0.51	0.08	0.233	0.141
Y1	0.416	0.294	0.51	1	0.81	0.778	0.445
Y2	0.065	0.007	0.08	0.81	1	0.805	0.671
Y3	0.242	0.198	0.233	0.778	0.805	1	0.691
Y4	0.296	0.213	0.141	0.445	0.671	0.691	1

❖ 準備するデータ

集計済みデータフォーム

データ数	80						
変量群名	変量の数						
X	3						
Y	4						
相関行列							
		X1	X2	X3	Y1	Y2	Y3	Y4
	X1	1	0.932	0.878	0.416	0.065	0.242	0.296
	X2	0.932	1	0.804	0.294	0.007	0.198	0.213
	X3	0.878	0.804	1	0.51	0.08	0.233	0.141
	Y1	0.416	0.294	0.51	1	0.81	0.778	0.445
	Y2	0.065	0.007	0.08	0.81	1	0.805	0.671
	Y3	0.242	0.198	0.233	0.778	0.805	1	0.691
	Y4	0.296	0.213	0.141	0.445	0.671	0.691	1

❖ データの解析手順

集計済みデータフォームのデータを Mulcel で解析する手順を解説します．

1) 集計済みデータフォームのデータを準備します．

2) メニューバーの「多変量解析」から「正準相関分析」を選択します．

3) 「範囲・データフォーム」のダイアログボックスが現れます．
必要な設定の後，「OK」ボタンを押します．（範囲指定の詳細は 18 頁）

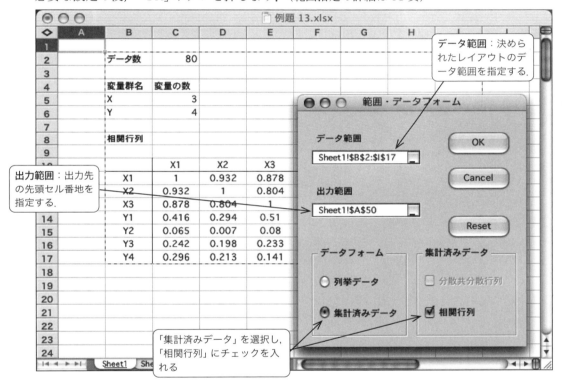

4) しばらくして，計算結果が表示されます．

❖ 解析結果の分析

正準相関分析

データ数　　　　　　　80

変量群名	変量の数
X	3
Y	4

相関行列

	X1	X2	X3	Y1	Y2	Y3	Y4
X1	1	0.932	0.878	0.416	0.065	0.242	0.296
X2	0.932	1	0.804	0.294	0.007	0.198	0.213
X3	0.878	0.804	1	0.51	0.08	0.233	0.141
Y1	0.416	0.294	0.51	1	0.81	0.778	0.445
Y2	0.065	0.007	0.08	0.81	1	0.805	0.671
Y3	0.242	0.198	0.233	0.778	0.805	1	0.691
Y4	0.296	0.213	0.141	0.445	0.671	0.691	1

	第1正準変量	第2正準変量	第3正準変量
正準相関係数の2乗λ2	0.815127	0.240032	0.053043
正準相関係数λ	0.902844	0.48993	0.230311

正準変量の標準化された係数（第1群）

	第1正準変量	第2正準変量	第3正準変量
X1	1.401061	-2.4162	-2.00653
X2	-1.05872	0.420726	2.523071
X3	0.529179	2.027066	0.073563

正準変量の標準化された係数（第2群）

	第1正準変量	第2正準変量	第3正準変量
Y1	1.859579	0.446336	-0.32044
Y2	-1.49007	0.35645	-1.35557
Y3	-0.55178	0.168634	1.697712
Y4	0.845814	-1.24782	-0.3213

正準負荷量と寄与率（第1群）

	第1正準変量	第2正準変量	第3正準変量
X1	0.878956	-0.24432	0.409564
X2	0.672532	-0.20141	0.712133
X3	0.908103	0.243905	0.340382
寄与率	0.683172	0.05325	0.263579
累積寄与率	0.683172	0.736421	1

正準負荷量と寄与率（第2群）

	第1正準変量	第2正準変量	第3正準変量
Y1	0.599727	0.310978	-0.24061
Y2	0.13955	0.016446	-0.46406
Y3	0.279926	-0.05942	0.13516
Y4	0.292212	-0.6935	-0.20036

| 寄与率 | 0.135723 | 0.145361 | 0.082914 |
| 累積寄与率 | 0.135723 | 0.281085 | 0.363998 |

交差負荷量と冗長性指数(第1群)

X1	0.79356	-0.1197	0.094327
X2	0.607192	-0.09868	0.164012
X3	0.819875	0.119497	0.078394
冗長性指数	0.556872	0.012782	0.013981
累積冗長性指数	0.556872	0.569653	0.583634

交差負荷量と冗長性指数(第2群)

Y1	0.54146	0.152358	-0.05541
Y2	0.125992	0.008057	-0.10688
Y3	0.25273	-0.02911	0.031129
Y4	0.263822	-0.33976	-0.04615
冗長性指数	0.110632	0.034891	0.004398
累積冗長性指数	0.110632	0.145523	0.149921

バートレットの正準相関係数の検定

s	χ^2値	自由度	P値	χ^2(0.05)	χ^2(0.01)
0	151.28	12	3.12E-26	21.02607	26.21697
1	24.67354	6	0.000392	12.59159	16.81189
2	4.087642	2	0.129533	5.991465	9.21034

正準相関係数の2乗(固有値)は大きい順に 0.815127, 0.240032, 0.053043 となります. 正準相関係数の検定において, 第3番目は有意ではありませんので, 第1正準変量と第2正準変量について考察します.

第1正準変量

第1群と第2群の第1正準変量間の相関係数は 0.902844 とかなり高いです.

第1正準変量は,

第1群では $u_1 = 1.401061 * X1 - 1.05872 * X2 + 0.529179 * X3$

第2群では $v_1 = 1.859579 * Y1 - 1.49007 * Y2 - 0.55178 * Y3 + 0.845814 * Y4$

と表せます.

第1群(前期の成績)ではX1の係数が大きいので, X1が第2群(後期の成績)との相関に大きく関与してことがわかります.

第2群(後期の成績)ではY1とY2の係数(絶対値)は大きく, 符号が逆です. Y3, Y4の係数はそれほど大きくないので, Y1とY2の対比を表しています. Y1とY2が第1群(前期の成績)との相関に大きく関与していることがわかります.

正準負荷量によると, 第1群ではX3, X1, X2の順に大きく前期の成績に関与しています. 第2群ではY1が大きく後期の成績に関与しているといえます.

第2正準変量

第1群と第2群の第2正準変量間の相関係数は 0.48993 とやや高いです.

第2正準変量は，

第1群では　　$u_2 = -2.4162 * X1 + 0.420726 * X2 + 2.027066 * X3$

第2群では　　$v_2 = 0.446336 * Y1 + 0.35645 * Y2 + 0.168634 * Y3 - 1.24782 * Y4$

と表せます．

　第1群（前期の成績）ではX1とX3の係数（絶対値）が大きく，符号は逆です．X2の係数は小さいので，X1とX3の対比を表しています．X1とX3が第2群（後期の成績）との相関に大きく関与してことがわかります．

　第2群（後期の成績）ではY4の係数（絶対値）が大きく，他の変量の係数は大きくないので，Y4が第1群（前期の成績）との相関に大きく関与していることがわかります．

　正準負荷量によると，第1群ではX1，X3，X2の順ですが，ほぼ同じ程度に前期の成績に関与しています．

　第2群ではY4が大きく後期の成績に関与しています．

　第1～第2正準変量の累積寄与率は第1群で73.6％とかなり高く，第2群では28.1％と低いです．前期の成績を説明する割合が73.6％であるのに比べて，後期の成績を説明する割合は28.1％であることを意味しています．

　累積冗長性指数は第1群では57％，第2群では14.6％です．前期の成績から後期の成績を説明する割合が57％であるのに比べて，後期の成績から前期の成績を説明する割合は14.6％とかなり低いことを意味しています．

7 クラスター分析
Cluster Analysis

> **テーマ** データの間の距離を定義して似たもの同士をグループにまとめる．

　クラスター分析はデータをある方針のもとで類似しているいくつかのかたまり（クラスター）にまとめる方法です．医学における症状群の分類，工業製品の分類，文献の分類など，さまざまな分野で使用されます．

　クラスター分析の分類法は無数にありますが，本書では階層構造を図式化した**樹形図**（dendrogram デンドログラム）を構成する，凝集型の階層的クラスター分析について解説します．

■ **階層的クラスター分析の考え方**

　n個の個体または変量の類似度を表す尺度として，距離のように値が小さいほど類似性が高いことを示す場合と，相関係数のように値が大きいほど類似性が高いことを示す場合があります．前者を**非類似度**，後者を**類似度**と呼び，区別します．実際の計算では，値が小さいほど類似性の高い**非類似度行列**を用いて，次の手順で行います．

　Ⅰ：1つずつを構成単位とするn個のクラスターから出発します．
　Ⅱ：クラスター間の非類似度行列から，もっとも類似性の高い2つのクラスターを融合して1つのクラスターを作ります．
　Ⅲ：クラスターが1つになれば終了します．そうでなければⅣに行きます．
　Ⅳ：Ⅱで作られたクラスターと他のクラスターとの非類似度を計算して，非類似度行列を更新してⅡにもどります．

■ 階層的クラスター分析の方法

非類似度行列の更新では，更新前の非類似度行列から計算できる方法があります．「組合わせ的手法（combinatorial method）」とよばれ，次の方法が代表的なものです．データの性質とグループ分けするために立てる方針により使い分けます．

① 最短距離法（nearest neighbor method）

2つのクラスター間の距離をそれぞれのクラスターから1つずつ選んだデータ間の距離の中で最も小さな値として定義します．このルールでかたまりを作ります．どんな非類似度でも利用できます．

長所：データの散らばり方が1つの方向に長い鎖状になっている場合に適しています．

② 最長距離法（furthest neighbor method）

2つのクラスター間の距離をそれぞれのクラスターから1つずつ選んだデータ間の距離の中で最も大きな値として定義します．このルールでかたまりを作ります．

どんな非類似度でも利用できます．

長所：データがいくつかの集団にかたまっているときはよい結果が期待できます．

③ 群平均法（group average method）

2つのクラスターから1つずつデータを選んで距離を求めます．すべてのデータの組み合わせで距離を求め，その平均を2つのクラスターの距離と定義します．このルールでかたまりを作ります．どんな非類似度でも利用できます．

長所：データがいくつかの集団にかたまっているときも，1つの方向に鎖状にのびているときも使用して結果が期待できます．

④ 重心法（centroid method）

クラスターの重心の概念を用いて，2つのクラスター間の距離を重心の間の距離で定義してかたまりを作ります．利用できる非類似度はユークリッド平方距離です．

長所：いくつかある集団の中のデータ個数が大体同じ数にそろっているときに適しています．

⑤ メディアン法（median method）

重心法に似た方法です．クラスターの大きさを計算式の中に組み込みこんで距離を定義してかたまりを作ります．利用できる非類似度はユークリッド平方距離です．

長所：いくつかある集団の中のデータ個数にバラツキがあるときに適しています．

⑥ ウォード法（Ward's method）

クラスター内のデータの平方和を最小にするように考慮した方法です．利用できる非類似度はユークリッド平方距離です．

長所：ウォード法はいくつかあるクラスター分析法の中ではバランスのとれた方法と考えられています．使用されることが多い方法です．

処理したいデータの散らばり具合が不明のときはどの方法が最も優れているか決めることは難しく，いくつかの方法を使用して，そこから得た情報で検討します．

■非類似度

① 量的データ

量的データの場合には，主に非類似度として距離が使われます．特にユークリッド平方距離，ユークリッド距離，市街地距離，あるいはこれらを一般化したミンコフスキー距離，さらにマハラノビスの汎距離などが用いられます．

n 個の個体において p 個の変量について観測値が与えられた場合，個体 a と b との非類似度 d_{ab} を次のように定義します．いま，a, b の観測値ベクトル $\boldsymbol{x}_a, \boldsymbol{x}_b$ を

$$\boldsymbol{x}_a = {}^t(x_{1a}, x_{2a}, \cdots, x_{pa}), \quad \boldsymbol{x}_b = {}^t(x_{1b}, x_{2b}, \cdots, x_{pb})$$

とします．

(1) **ユークリッド平方距離**

$$d_{ab} = \sum_{i=1}^{p}(x_{ia} - x_{ib})^2$$

重心法，メディアン法，ウォード法はこの非類似度を利用します．

(2) **ミンコフスキー距離**

$$d_{ab} = \left\{\sum_{i=1}^{p}|x_{ia} - x_{ib}|^k\right\}^{1/k}$$

$k=2$ の場合が**ユークリッド距離**で，$k=1$ の場合が**市街地距離**です．

(3) **マハラノビスの汎距離**

$$d_{ab} = {}^t(\boldsymbol{x}_a - \boldsymbol{x}_b)S^{-1}(\boldsymbol{x}_a - \boldsymbol{x}_b)$$

S は分散共分散行列です．

② 質的データ

Mulcel では質的データとしては 2 値変数（0-1 型データ，binary data）として表現できる場合のみを扱います．非類似度を次のように定めます．

個体 a と b の p 個の変量について 1-0 か 0-1 の一致しない組の個数を非類似度とします．これはユークリッド平方距離と一致します．

※ Mulcel では列挙データフォームのデータの非類似度行列だけを求めたい場合は，クラスター分析のダイアログボックスで「分析法」を指定しません．

■ デンドログラム

クラスター分析の結果は**樹形図**（デンドログラム）によって表されます．縦軸はクラスターを結合した際の距離を表します．横軸は個体の位置を表します．

デンドログラムは縦軸を適当な高さで切ることによって，クラスターの分類ができるという階層的構造を持っています．

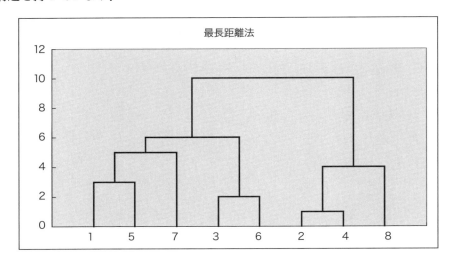

※ Mulcel では横軸の個体の並びはデンドログラムデータとして表示されます．3列あるデータの第1列に左から並ぶ個体番号が上から順に表示されています．

■ クラスター分析で分析できるデータフォーム

① 列挙データフォーム

	変量1	変量2	………	変量p
個体1	x_{11}	x_{22}	………	x_{p1}
個体2	x_{12}	x_{22}	………	x_{p2}
．	．	．		．
．	．	．		．
．	．	．		．
個体n	x_{1n}	x_{2n}	………	x_{pn}

※ x_{ij} は量的データでも質的データでもよい．質的データの場合は0か1．

② 集計済みデータフォーム（非類似度行列）

	個体1	個体2	………	個体n
個体1		d_{12}	………	d_{1n}
個体2	d_{12}		………	d_{2n}
．	．	．		．
．	．	．		．
．	．	．		$d_{n-1\,n}$
個体n	d_{1n}	d_{2n}	………	

※ d_{ij} は非類似度．
※ 上側行列，または下側行列のみでもよい．対角要素は定義されないものとする．

例題 14 ■ クラスター分析：量的データの例

右のデータは平成15年の関東地方の都県別の人口千対の出生率と死亡率を表す人口動態です．都県の分類を試みなさい．

	出生率	死亡率
茨城	9	8.3
栃木	9.1	8.5
群馬	9.2	8.5
埼玉	9.1	6.4
千葉	8.9	6.8
東京	8.2	7.3
神奈川	9.4	6.4

出生率を横軸に死亡率を縦軸に散布図を描くと次のようになります．

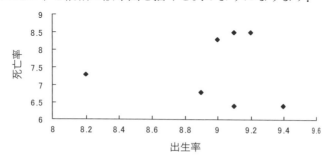

❖ 準備するデータフォーム

列挙データフォーム

	出生率	死亡率
茨城	9	8.3
栃木	9.1	8.5
群馬	9.2	8.5
埼玉	9.1	6.4
千葉	8.9	6.8
東京	8.2	7.3
神奈川	9.4	6.4

集計済みデータフォーム

非類似度行列　ユークリッドの平方距離

	茨城	栃木	群馬	埼玉	千葉	東京	神奈川
茨城		0.05	0.08	3.62	2.26	1.64	3.77
栃木	0.05		0.01	4.41	2.93	2.25	4.5
群馬	0.08	0.01		4.42	2.98	2.44	4.45
埼玉	3.62	4.41	4.42		0.2	1.62	0.09
千葉	2.26	2.93	2.98	0.2		0.74	0.41
東京	1.64	2.25	2.44	1.62	0.74		2.25
神奈川	3.77	4.5	4.45	0.09	0.41	2.25	

上側行列，または下側行列のみでもよい．

❖ データの解析手順

列挙データフォームのデータを Mulcel で解析する手順を解説します．

1） 列挙データフォームのデータを準備します．

2） メニューバーの「多変量解析」から「クラスター分析」を選択すると，サブメニューが現れます．ここから「量的データ」を選択します．

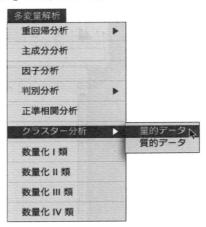

3） 「クラスター分析」のダイアログボックスが現れます．「非類似度」「分析法」についても必要な設定の後，「OK」ボタンを押します．（範囲指定の詳細は 18 頁）

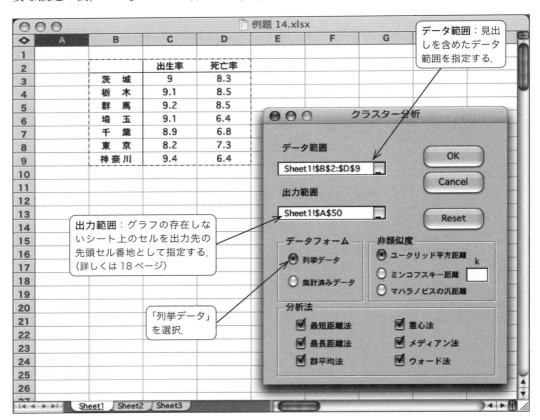

― 128 ―

4) しばらくして，計算結果が表示されます．

	A	B	C	D	E	F	G	H
50	クラスター分析							
51								
52								
53	非類似度行列		ユークリッド平方距離					
54								
55			1	2	3	4	5	6	7
56		茨城	栃木	群馬	埼玉	千葉	東京	神奈川
57	茨城		0.05	0.08	3.62	2.26	1.64	3.77
58	栃木	0.05		0.01	4.41	2.93	2.25	4.5
59	群馬	0.08	0.01		4.42	2.98	2.44	4.45
60	埼玉	3.62	4.41	4.42		0.2	1.62	0.09
61	千葉	2.26	2.93	2.98	0.2		0.74	0.41
62	東京	1.64	2.25	2.44	1.62	0.74		2.25
63	神奈川	3.77	4.5	4.45	0.09	0.41	2.25	

❖ 解析結果の分析

非類似度行列の1行目は2行目の個体を示す個体番号です．各分析法でのステップの後の2つの数値は個体番号を，3番目の数値は距離を表します．

クラスター分析

非類似度行列　ユークリッド平方距離

	1	2	3	4	5	6	7
	茨城	栃木	群馬	埼玉	千葉	東京	神奈川
茨城		0.05	0.08	3.62	2.26	1.64	3.77
栃木	0.05		0.01	4.41	2.93	2.25	4.5
群馬	0.08	0.01		4.42	2.98	2.44	4.45
埼玉	3.62	4.41	4.42		0.2	1.62	0.09
千葉	2.26	2.93	2.98	0.2		0.74	0.41
東京	1.64	2.25	2.44	1.62	0.74		2.25
神奈川	3.77	4.5	4.45	0.09	0.41	2.25	

最短距離法				最長距離法			
ステップ1	2	3	0.01	ステップ1	2	3	0.01
ステップ2	1	2	0.05	ステップ2	1	2	0.08
ステップ3	4	7	0.09	ステップ3	4	7	0.09
ステップ4	4	5	0.2	ステップ4	4	5	0.41
ステップ5	4	6	0.74	ステップ5	4	6	2.25
ステップ6	1	4	1.64	ステップ6	1	4	4.5

群平均法				重心法			
ステップ1	2	3	0.01	ステップ1	2	3	0.01
ステップ2	1	2	0.065	ステップ2	1	2	0.0625
ステップ3	4	7	0.09	ステップ3	4	7	0.09
ステップ4	4	5	0.305	ステップ4	4	5	0.2825
ステップ5	4	6	1.536667	ステップ5	4	6	1.458889
ステップ6	1	4	3.305833	ステップ6	1	4	2.958403

メディアン法				ウォード法			
ステップ1	2	3	0.01	ステップ1	2	3	0.01
ステップ2	1	2	0.0625	ステップ2	1	2	0.083333
ステップ3	4	7	0.09	ステップ3	4	7	0.09
ステップ4	4	5	0.2825	ステップ4	4	5	0.376667
ステップ5	4	6	1.255625	ステップ5	4	6	2.188333
ステップ6	1	4	2.293906	ステップ6	1	4	10.1431

※ デンドログラムを作成するために，デンドログラムデータが処理結果の最後に表示されています．各方法のデータは3列で表示されます．第1列は左から並ぶ個体番号が上から順に表示されています．

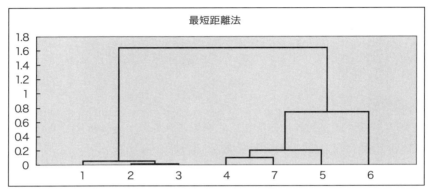

左から 1 茨城, 2 栃木, 3 群馬, 4 埼玉, 7 神奈川, 5 千葉, 6 東京

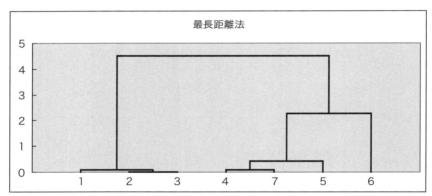

左から 1 茨城, 2 栃木, 3 群馬, 4 埼玉, 7 神奈川, 5 千葉, 6 東京

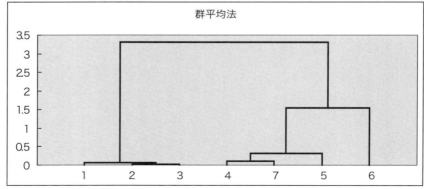

左から 1 茨城, 2 栃木, 3 群馬, 4 埼玉, 7 神奈川, 5 千葉, 6 東京

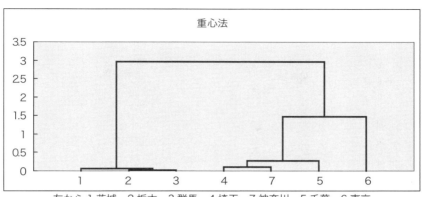

左から1茨城，2栃木，3群馬，4埼玉，7神奈川，5千葉，6東京

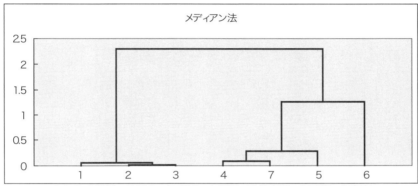

左から1茨城，2栃木，3群馬，4埼玉，7神奈川，5千葉，6東京

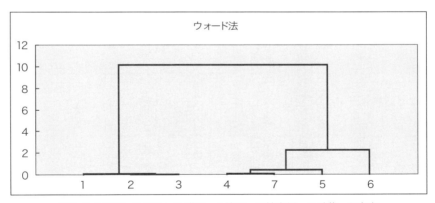

左から1茨城，2栃木，3群馬，4埼玉，7神奈川，5千葉，6東京

　Excelのグラフ機能を使ってデンドログラムを表示しています．

　どの方法でも左から順に1茨城，2栃木，3群馬，4埼玉，7神奈川，5千葉，6東京　となります．

　デンドログラムによると，どの方法の場合でも，Ⅰ（1茨城，2栃木，3群馬）　Ⅱ（4埼玉，7神奈川，5千葉），Ⅲ（6東京）の3つのクラスターが構成されています．さらに2つにまとめる段階でⅡとⅢが融合します．

例題 15 ■ クラスター分析：質的データの例

次の表は30歳代女性10人の余暇についての回答表です．

1. ガーデニング
2. ドライブ
3. 読書
4. スポーツ
5. 音楽鑑賞
6. 映画鑑賞
7. グルメ食べ歩き
8. パソコン

表中の数値1は選択した項目を意味しています．（複数選択可能）
余暇の分類を行いなさい．次に，回答者について分類しなさい．

	ガーデニング	ドライブ	読書	スポーツ	音楽鑑賞	映画鑑賞	グルメ	パソコン
1	1	0	0	0	1	0	1	0
2	1	1	0	1	0	0	0	0
3	1	0	1	0	1	1	1	0
4	0	1	0	0	0	0	1	1
5	1	0	1	0	1	0	0	0
6	1	0	0	0	1	0	0	1
7	0	1	1	1	0	0	0	1
8	0	0	1	0	1	1	0	0
9	0	1	0	1	0	0	0	1
10	1	1	0	1	0	0	1	1

Mulcelでは行方向に並んだ項目についてクラスター分析をします．
余暇についてクラスター分析を行う場合はデータ行列を次のように転置します．

	1	2	3	4	5	6	7	8	9	10
ガーデニング	1	1	1	0	1	1	0	0	0	1
ドライブ	0	1	0	1	0	0	1	0	1	1
読書	0	0	1	0	1	0	1	1	0	0
スポーツ	0	1	0	0	0	0	1	0	1	1
音楽鑑賞	1	0	1	0	1	1	0	1	0	0
映画鑑賞	0	0	1	0	0	0	0	1	0	0
グルメ	1	0	1	1	0	0	0	0	0	1
パソコン	0	0	0	1	0	1	1	0	1	1

❖ 準備するデータ

列挙データフォーム

	1	2	3	4	5	6	7	8	9	10
ガーデニング	1	1	1	0	1	1	0	0	0	1
ドライブ	0	1	0	1	0	0	1	0	1	1
読書	0	0	1	0	1	0	1	1	0	0
スポーツ	0	1	0	0	0	0	1	0	1	1
音楽鑑賞	1	0	1	0	1	1	0	1	0	0
映画鑑賞	0	0	1	0	0	0	0	1	0	0
グルメ	1	0	1	1	0	0	0	0	0	1
パソコン	0	0	0	1	0	1	1	0	1	1

集計済みデータフォーム

非類似度行列　　ユークリッドの平方距離

	ガーデニング	ドライブ	読書	スポーツ	音楽鑑賞	映画鑑賞	グルメ	パソコン
ガーデニング		7	6	6	3	6	4	7
ドライブ	7		7	1	10	7	5	2
読書	6	7		6	3	2	6	7
スポーツ	6	1	6		9	6	6	3
音楽鑑賞	3	10	3	9		3	5	8
映画鑑賞	6	7	2	6	3		4	7
グルメ	4	5	6	6	5	4		5
パソコン	7	2	7	3	8	7	5	

❖ データの解析手順

列挙データフォームのデータを Mulcel で解析する手順を解説します．

1) 列挙データフォームのデータを準備します．

2) メニューバーの「多変量解析」から「クラスター分析」を選択すると，サブメニューが現れます．ここから「質的データ」を選択します．

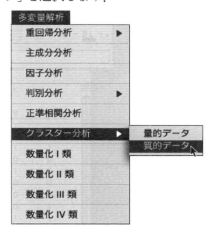

3）「クラスター分析」のダイアログボックスが現れます．「非類似度」「分析法」についても必要な設定の後，「OK」ボタンを押します．（範囲指定の詳細は18頁）

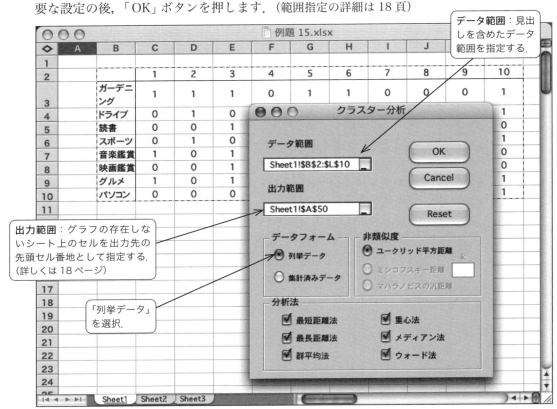

4）しばらくして，計算結果が表示されます．

❖ 解析結果の分析

クラスター分析

非類似度行列　ユークリッド平方距離

	1 ガーデニング	2 ドライブ	3 読書	4 スポーツ	5 音楽鑑賞	6 映画鑑賞	7 グルメ	8 パソコン
ガーデニング		7	6	6	3	6	4	7
ドライブ	7		7	1	10	7	5	2
読書	6	7		6	3	2	6	7
スポーツ	6	1	6		9	6	6	3
音楽鑑賞	3	10	3	9		3	5	8
映画鑑賞	6	7	2	6	3		4	7
グルメ	4	5	6	6	5	4		5
パソコン	7	2	7	3	8	7	5	

最短距離法

ステップ1	2	4	1
ステップ2	2	8	2
ステップ3	3	6	2
ステップ4	1	5	3
ステップ5	1	3	3
ステップ6	1	7	4
ステップ7	1	2	5

最長距離法

ステップ1	2	4	1
ステップ2	3	6	2
ステップ3	1	5	3
ステップ4	2	8	3
ステップ5	1	7	5
ステップ6	1	3	6
ステップ7	1	2	10

群平均法

ステップ1	2	4	1
ステップ2	3	6	2
ステップ3	2	8	2.5
ステップ4	1	5	3
ステップ5	1	3	4.5
ステップ6	1	7	4.75
ステップ7	1	2	6.866667

重心法

ステップ1	2	4	1
ステップ2	3	6	2
ステップ3	2	8	2.25
ステップ4	3	5	2.5
ステップ5	1	7	4
ステップ6	1	3	3.111111
ステップ7	1	2	4.52

メディアン法

ステップ1	2	4	1
ステップ2	3	6	2
ステップ3	2	8	2.25
ステップ4	3	5	2.5
ステップ5	1	3	3.625
ステップ6	1	7	3.15625
ステップ7	1	2	4.101563

ウォード法

ステップ1	2	4	1
ステップ2	3	6	2
ステップ3	2	8	3
ステップ4	1	5	3
ステップ5	1	7	5
ステップ6	1	3	6.8
ステップ7	1	2	16.95

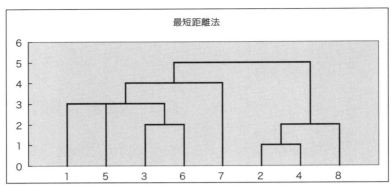

左から 1 ガーデニング，5 音楽鑑賞，3 読書，6 映画鑑賞，7 グルメ，2 ドライブ，4 スポーツ，8 パソコン

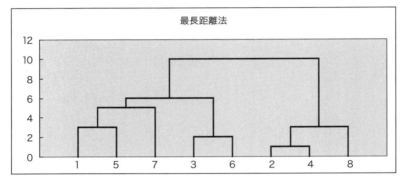

左から 1 ガーデニング，5 音楽鑑賞，7 グルメ，3 読書，6 映画鑑賞，2 ドライブ，4 スポーツ，8 パソコン

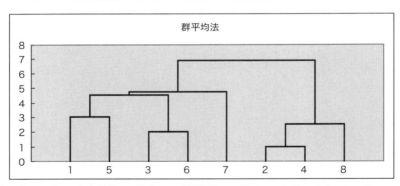

左から 1 ガーデニング，5 音楽鑑賞，3 読書，6 映画鑑賞，7 グルメ，2 ドライブ，4 スポーツ，8 パソコン

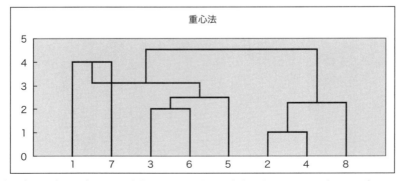

左から 1 ガーデニング，7 グルメ，3 読書，6 映画鑑賞，5 音楽鑑賞，2 ドライブ，4 スポーツ，8 パソコン

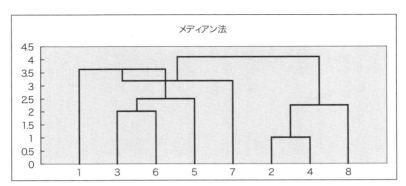

左から 1 ガーデニング, 3 読書, 6 映画鑑賞, 5 音楽鑑賞, 7 グルメ, 2 ドライブ, 4 スポーツ, 8 パソコン

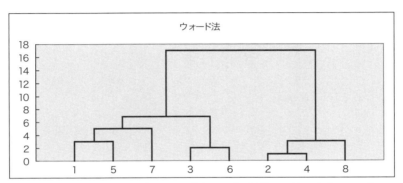

左から 1 ガーデニング, 5 音楽鑑賞, 7 グルメ, 3 読書, 6 映画鑑賞, 2 ドライブ, 4 スポーツ, 8 パソコン

デンドログラムによると，どの方法でもⅠ（1 ガーデニング, 3 読書, 5 音楽鑑賞, 6 映画鑑賞, 7 グルメ），Ⅱ（2 ドライブ, 4 スポーツ, 8 パソコン）の 2 つのクラスターが形成されています. Ⅰを構成する際に，（3 読書, 6 映画鑑賞）は常に結合されていますが，他の 3 つの項目の結合状態は方法間で異なります. 重心法とメディアン法では枝の向きの逆転がおこっています.

回答者についての分類をするには，集計した通りの列挙データフォームを使います.

結果は次のようになります.

非類似度行列　　　　　ユークリッド平方距離

	1	2	3	4	5	6	7	8	9	10
	1	2	3	4	5	6	7	8	9	10
1		4	2	4	2	2	7	4	6	4
2	4		6	4	4	4	3	6	2	2
3	2	6		6	2	4	7	2	8	6
4	4	4	6		6	4	3	6	2	2
5	2	4	2	6		2	5	2	6	6
6	2	4	4	4	2		5	4	4	4
7	7	3	7	3	5	5		5	1	3
8	4	6	2	6	2	4	5		6	8
9	6	2	8	2	6	4	1	6		2
10	4	2	6	2	6	4	3	8	2	

最短距離法

ステップ1	7	9	1
ステップ2	1	3	2
ステップ3	1	5	2
ステップ4	1	6	2
ステップ5	1	8	2
ステップ6	2	7	2
ステップ7	2	4	2
ステップ8	2	10	2
ステップ9	1	2	4

最長距離法

ステップ1	7	9	1
ステップ2	1	3	2
ステップ3	1	5	2
ステップ4	2	10	2
ステップ5	2	7	3
ステップ6	1	6	4
ステップ7	1	8	4
ステップ8	2	4	4
ステップ9	1	2	8

群平均法

ステップ1	7	9	1
ステップ2	1	3	2
ステップ3	1	5	2
ステップ4	2	10	2
ステップ5	2	7	2.5
ステップ6	1	6	2.666667
ステップ7	2	4	2.75
ステップ8	1	8	3
ステップ9	1	2	5.48

重心法

ステップ1	7	9	1
ステップ2	1	3	2
ステップ3	1	5	1.5
ステップ4	1	6	2
ステップ5	2	10	2
ステップ6	2	7	1.75
ステップ7	2	4	1.9375
ステップ8	1	8	2.125
ステップ9	1	2	3.48

メディアン法

ステップ1	7	9	1
ステップ2	1	3	2
ステップ3	1	5	1.5
ステップ4	1	6	1.875
ステップ5	2	10	2
ステップ6	2	7	1.75
ステップ7	2	4	1.9375
ステップ8	1	8	2.46875
ステップ9	1	2	3.585938

ウォード法

ステップ1	7	9	1
ステップ2	1	3	2
ステップ3	1	5	2
ステップ4	2	10	2
ステップ5	4	7	3
ステップ6	1	6	3
ステップ7	1	8	3.4
ステップ8	2	4	3.6
ステップ9	1	2	17.4

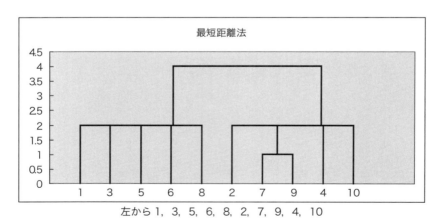

左から 1, 3, 5, 6, 8, 2, 7, 9, 4, 10

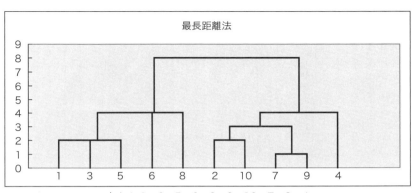
左から 1, 3, 5, 6, 8, 2, 10, 7, 9, 4

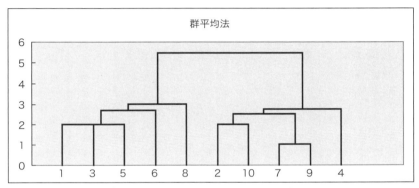
左から 1, 3, 5, 6, 8, 2, 10, 7, 9, 4

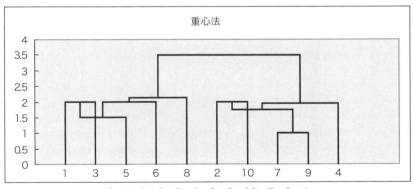
左から 1, 3, 5, 6, 8, 2, 10, 7, 9, 4

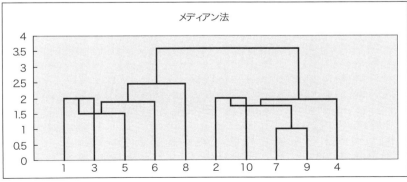
左から 1, 3, 5, 6, 8, 2, 10, 7, 9, 4

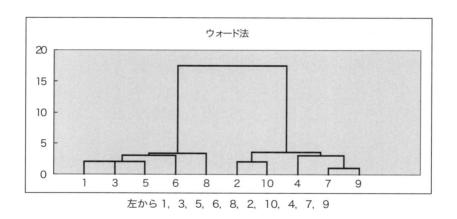

デンドログラムによると，どの方法でもⅠ (1, 3, 5, 6, 8)，Ⅱ (2, 4, 7, 9, 10) の2つのクラスターが形成されています．方法によってⅠの中での結合，Ⅱの中での結合に多少の違いがあります．また重心法，メディアン法では枝の向きの逆転がおこっています．

8 数量化理論
Quantification Theory

　数量化理論では「はい・いいえ」「ある・すこしある・ない」などの質的データを 1, 0 あるいは 3, 2, 1 などの数値データに変えて，重回帰分析・主成分分析・判別分析と同様な解析を行う手法です．

　数量化理論には，数量化 I 類，II 類，III 類，IV 類があります．次のような対応が考えられます．

　　　　　数量化 I 類　　⟷　　重回帰分析
　　　　　数量化 II 類　　⟷　　判別分析
　　　　　数量化 III 類, IV 類　⟷　　主成分分析

8-1　数量化 I 類　Type I Quantification Method

テーマ　外的基準をもっともよく予測するように質的変量の各カテゴリーに数値を与える．

数量化 I 類で使われる用語
　　外的基準　　：アンケート調査の数値で表示された主テーマ
　　アイテム　　：外的基準に関する設問内容
　　カテゴリー：アイテムの答え

どのような手法か
　　　「はい・いいえ」などの質的データからアンケート調査の数値で表示された主テーマ

― 141 ―

についての判断や予測などを目的とした手法です．データの中の重要項目である外的基準が数値で表示されているときに使用します．（例題16）

m 個のアイテムについてカテゴリーがそれぞれ $c_1, c_2, \cdots, c_m$ 個ある場合，予測式は次の1次式となります．

$$y = a_{11}x_{11} + \cdots + a_{1c_1}x_{1c_1} + a_{21}x_{21} + \cdots + a_{2c_2}x_{2c_2} + \cdots + a_{m1}x_{m1} + \cdots + a_{mc_m}x_{mc_m} + C$$

$$x_{ij} = \begin{cases} 1 & \text{アイテムが}i\text{でカテゴリーが}j\text{のとき} \\ 0 & \text{その他のとき} \end{cases} \quad (i = 1, \cdots, \text{m} \,;\, j = 1, \cdots, c_i)$$

a_{ij} は**カテゴリー数量**とよばれ，各アイテム内で平均が0になるように基準化されています．C は定数項で外的基準の平均に一致します．

■ 重相関係数 R，決定係数 R^2，自由度修正済み決定係数，Y評価の標準誤差

重相関係数 R，決定係数 R^2，自由度修正済み決定係数，Y評価の標準誤差も重回帰分析のときと同様に定義できます．（32，33ページ参照）

これらの数値を用いて，外的基準と予測値との当てはまりの良さを評価できます．

■ 範囲，偏相関係数

各アイテムで（最大カテゴリー数量）−（最小カテゴリー数量）を**範囲**とよび，範囲の大きいアイテムほど予測値に大きい影響を与えています．

カテゴリー数量によってアイテムを数量化し，各アイテムと外的基準との**偏相関係数**を重回帰分析のときと同じように求めることができます．

■ 要因効果の検定

アイテムの効果の大きさは範囲や偏相関係数によって調べることができますが，重回帰分析と同様にアイテムの効果の有意性について，帰無仮説 H_0：「第 k アイテムの効果はない」の検定ができます．$P \leq 0.05$ ならば危険率5%で，$P \leq 0.01$ ならば危険率1%で H_0 は棄却され，「第 k アイテムの効果あり」と判定されます．

■ 数量化Ⅰ類で分析できるデータフォーム

列挙データフォーム

外的基準	アイテム1	アイテム2	⋯⋯⋯	アイテム m
y_1	c_{11}	c_{22}	⋯⋯⋯	c_{m1}
y_2	c_{12}	c_{22}	⋯⋯⋯	c_{m2}
．	．	．		．
．	．	．		．
．	．	．		．
y_n	c_{1n}	c_{2n}	⋯⋯⋯	c_{mn}

※ y_i は量的データ，c_{ij} は質的データ

例題 16 ■ 数量化Ⅰ類

治療薬の効果について薬別，性別，年齢群別に集計したところ，次のデータを得ました．薬別，性別，年齢群によって治療薬の効果を推定しなさい．

❖ 準備するデータ
列挙データフォーム

効果	治療薬	性別	年齢群
26	A	女	壮年者
27	B	女	高齢者
21	A	男	若年者
27	C	女	若年者
37	B	男	高齢者
36	B	男	若年者
33	C	男	壮年者
19	A	女	若年者
29	B	女	壮年者
34	B	男	高齢者
40	C	男	高齢者
26	C	女	壮年者
33	B	女	高齢者
25	A	女	若年者
35	B	男	高齢者
29	C	男	壮年者
28	B	女	高齢者
25	A	男	若年者
26	B	女	壮年者
32	C	男	若年者
28	A	女	高齢者
25	C	女	若年者
27	B	女	壮年者
34	B	男	高齢者

❖ データの解析手順
列挙データフォームのデータを Mulcel で解析する手順を解説します．

1) 列挙データフォームのデータを準備します．

2）メニューバーの「多変量解析」から「数量化Ⅰ類」を選択します．

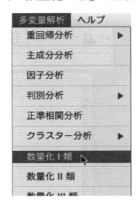

3）「範囲・データフォーム」のダイアログボックスが現れます．
必要な設定の後，「OK」ボタンを押します．（範囲指定の詳細は 18 頁）

4）しばらくして，計算結果が表示されます．

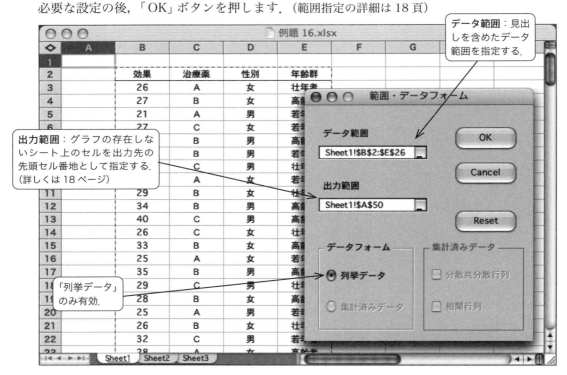

❖ 解析結果の分析

数量化Ⅰ類

アイテム	データ数
3	24

クロス集計表

		治療薬			性別		年齢群		
		A	B	C	女	男	高齢者	若年者	壮年者
治療薬	A	6			4	2	1	4	1
	B		11		6	5	7	1	3
	C			7	3	4	1	3	3
性別	女	4	6	3	13		4	4	5
	男	2	5	4		11	5	4	2
年齢群	高齢者	1	7	1	4	5	9		
	若年者	4	1	3	4	4		8	
	壮年者	1	3	3	5	2			7

分析結果

アイテム	カテゴリー	例数	カテゴリー数量	範囲	偏相関係数
治療薬	A	6	-3.54777	5.006504	0.603918
	B	11	1.006865		
	C	7	1.458732		
性別	女	13	-2.12771	4.642279	0.6601
	男	11	2.514568		
年齢群	高齢者	9	2.636555	4.72898	0.611607
	若年者	8	-2.09242		
	壮年者	7	-0.99851		

定数項	29.25
重相関係数 R	0.85814
決定係数 R2	0.736404
自由度修正済み決定係数	0.663183
Y評価の標準誤差	2.994926

数量化されたアイテムの相関行列

	効果	治療薬	性別	年齢群
効果	1	0.588356	0.56695	0.574143
治療薬	0.588356	1	0.153401	0.268411
性別	0.56695	0.153401	1	0.112818
年齢群	0.574143	0.268411	0.112818	1

要因効果の検定

アイテム	残差平方和	自由度	平均平方	F値	P値	F(0.05)	F(0.01)
治療薬	245.1657	2	122.5829	13.66651	0.000245	3.554557	6.012905
性別	276.626	1	276.626	30.84045	2.85E-05	4.413873	8.28542
年齢群	234.5967	2	117.2984	13.07735	0.000311	3.554557	6.012905
全体	161.4525	18	8.969583				

No.	観測値	予測値	残差
1	26	22.576	3.423997
2	27	30.76571	-3.76571
3	21	26.12437	-5.12437
4	27	26.4886	0.511404
5	37	35.40799	1.592013
6	36	30.67901	5.320992
7	33	32.22479	0.775214
8	19	21.48209	-2.48209
9	29	27.13064	1.86936
10	34	35.40799	-1.40799
11	40	35.85985	4.140145
12	26	27.58251	-1.58251
13	33	30.76571	2.234292
14	25	21.48209	3.517908
15	35	35.40799	-0.40799
16	29	32.22479	-3.22479
17	28	30.76571	-2.76571
18	25	26.12437	-1.12437
19	26	27.13064	-1.13064
20	32	31.13087	0.869125
21	28	26.21107	1.788928
22	25	26.4886	-1.4886
23	27	27.13064	-0.13064
24	34	35.40799	-1.40799

効果 の推定

治療薬	性別	年齢群	効果
A	女	高齢者	26.21107
A	女	若年者	21.48209
A	女	壮年者	22.576
A	男	高齢者	30.85335
A	男	若年者	26.12437
A	男	壮年者	27.21828
B	女	高齢者	30.76571
B	女	若年者	26.03673
B	女	壮年者	27.13064
B	男	高齢者	35.40799
B	男	若年者	30.67901
B	男	壮年者	31.77292
C	女	高齢者	31.21758
C	女	若年者	26.4886
C	女	壮年者	27.58251
C	男	高齢者	35.85985
C	男	若年者	31.13087
C	男	壮年者	32.22479

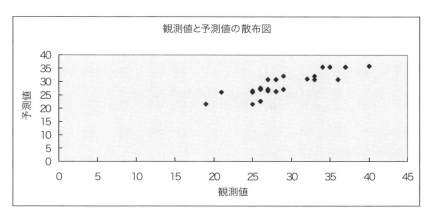

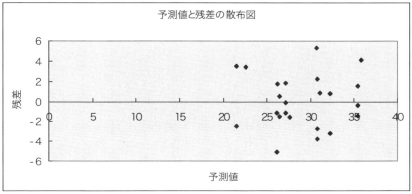

　3つのアイテムのカテゴリーに反応した例数のクロス集計表が表示されます．

　薬の効果についておよそ74%（決定係数 R2 = 0.736404）は治療薬，性別，年齢群という3つのアイテムで説明されています．カテゴリー数量の範囲，偏相関係数をみると，3つのアイテムともほぼ同じ程度に影響しています．治療薬ではCが，性別では男性が，年齢群では高齢者に高い効果があることが分かります．

　要因効果の検定において，3つのアイテムとも危険率1%で効果ありと判定されます．

　予測式,

$$y = -3.54777 * x_{11} + 1.006865 * x_{12} + 1.458732 * x_{13} - 2.12771 * x_{21}$$
$$+ 2.514568 * x_{22} + 2.636555 * x_{31} - 2.09242 * x_{32} - 0.99851 * x_{33} + 29.25$$

が成り立ちます．

　x_{ij} はアイテムがiでカテゴリーがjのときは1，その他のときは0です．

　治療薬C，男性，高齢者は

$$x_{11}=0,\ x_{12}=0,\ x_{13}=1,\ x_{21}=0,\ x_{22}=1,\ x_{31}=1,\ x_{32}=0,\ x_{33}=0$$

となるので，効果の予測値（推定値）

$$y = 1.458732 + 2.514568 + 2.636555 + 29.25$$
$$= 35.85985$$

となります．

8-2 数量化II類　Type II Quantification Method

テーマ　外的基準をよく判別するように質的変量のカテゴリーに数値を与える.

数量化II類で使われる用語
　　外的基準　：アンケート調査の質的データで表示された主テーマ
　　アイテム　：外的基準に関する設問内容
　　カテゴリー：アイテムの答え

どのような手法か
　　「はい・いいえ」などの質的データからアンケート調査の質的に表現された主テーマについてグループを判別することを目的とした手法です（例題17）. 数量化I類との違いは外的基準が数値ではなくて，いくつかの項目で表示されているときに使用します.

　外的基準とアイテムとの関連を正準相関分析を用いて数量化します．この手法は**ラグランジュの定理**を用い，最終的には行列の**固有値問題**に帰着します．

　m 個のアイテムについてカテゴリーがそれぞれ $c_1, c_2, \cdots, c_m$ 個ある場合，アイテムの変量関数 y は次の1次式となります．

$$y = a_{11}x_{11} + \cdots + a_{1c_1}x_{1c_1} + a_{21}x_{21} + \cdots + a_{2c_2}x_{2c_2} + \cdots + a_{m1}x_{m1} + \cdots + a_{mc_m}x_{mc_m}$$

$$x_{ij} = \begin{cases} 1 & \text{アイテムが}i\text{でカテゴリーが}j\text{のとき} \\ 0 & \text{その他のとき} \end{cases} \quad (i = 1, \cdots, m\,;\, j = 1, \cdots, c_i)$$

a_{ij} は**カテゴリー数量**とよばれ，各アイテム内で平均が0になるように基準化されています．外的基準が k 個のグループに判別されるとき，外的基準の変量関数 z は次の1次式となります．

$$z = b_1 z_1 + b_2 z_2 + \cdots + b_k z_k$$

$$z_i = \begin{cases} 1 & \text{外的基準の}i\text{番目のグループのとき} \\ 0 & \text{その他のとき} \end{cases} \quad (i = 1, \cdots, k)$$

b_i は外的基準の各グループへのカテゴリー数量でアイテム変量の各グループ別の平均と等しくなります．

■相関比

　外的基準の k 個のグループが，どの程度判別されているかを表すのが**相関比**です．相関比は $0 \sim 1$ の範囲の値をとり，1に近いほどよく判別され，0に近いほどあまり判別されていないことを表しています．

■範囲，偏相関係数

　数量化I類の場合と同様に，各アイテム内で（最大カテゴリー数量）－（最小カテゴリー数量）の範囲や，数量化された外的基準と数量化されたアイテムとの偏相関係数を求めることができます．各アイテムの外的基準への関わりを調べることができます．

■ 数量化Ⅱ類で分析できるデータフォーム
列挙データフォーム

外的基準	アイテム1	アイテム2	………	アイテム m
y_1	c_{11}	c_{22}	………	c_{m1}
y_2	c_{12}	c_{22}	………	c_{m2}
．	．	．		．
．	．	．		．
y_n	c_{1n}	c_{2n}	………	c_{mn}

※ y_i は質的データ，c_{ij} も質的データ

例題 17 ■ 数量化Ⅱ類

兄弟の有無を性格によって分析する目的で，大学生に次のアンケートを取りました．
　　Q.1　あなたは好奇心旺盛ですか．　　　　1．はい　　2．いいえ
　　Q.2　あなたは計画的に物事を処理しますか．　1．はい　　2．いいえ
　　Q.3　あなたは自制心が強いですか．　　　　1．はい　　2．いいえ
　　Q.4　あなたは協調性がありますか．　　　　1．はい　　2．いいえ
　　Q.5　あなたは兄弟がいますか．　　　　　　1．いる　　2．なし

次のデータより，数量化Ⅱ類による分析を行いなさい．
次に，Q.5に答えないで，アンケートの答えを順に (2, 2, 1, 1) としたKさんに兄弟がいるかどうか判別しなさい．
外的基準は兄弟の有無です．第1列に外的基準を配置します．

❖ 準備するデータ
列挙データフォーム

兄　弟	好奇心	計画性	自制心	協調性
1	1	1	1	1
1	2	2	1	2
1	2	1	1	2
2	1	2	2	2
2	1	2	2	1
2	1	2	2	2
2	2	1	2	1
2	2	2	2	1
1	1	2	1	2
1	1	1	2	1
2	2	1	2	1
2	1	2	1	1
2	2	2	2	2
2	1	1	2	2

❖ データの解析手順

列挙データフォームのデータを Mulcel で解析する手順を解説します．

1）列挙データフォームのデータを準備します．

2）メニューバーの「多変量解析」から「数量化Ⅱ類」を選択します．

3）「範囲・データフォーム」のダイアログボックスが現れます．
必要な設定の後，「OK」ボタンを押します．（範囲指定の詳細は 18 頁）

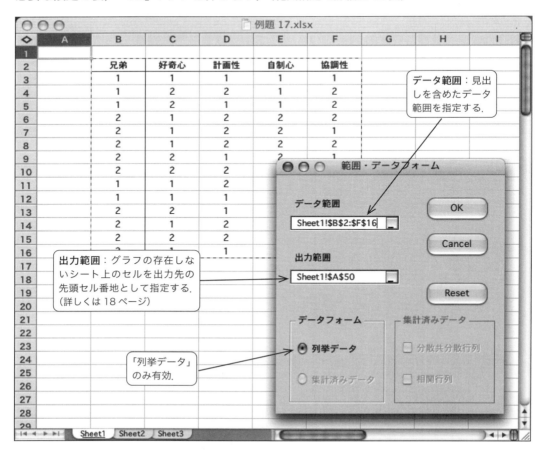

— 150 —

4) しばらくして，計算結果が表示されます．

	A	B	C	D	E	F	G	H	I
50	数量化II類								
51									
52									
53	アイテム	データ数							
54	4	14							
55									
56	クロス集計表								
57									
58			好奇心		計画性		自制心		協調性
59			1	2	1	2	1	2	1
60	好奇心	1	8		3	5	3	5	4
61		2		6	3	3	2	4	3
62	計画性	1	3	3	6		2	4	4
63		2	5	3		8	3	5	3

❖ 解析結果の分析

数量化II類

アイテム	データ数
4	14

クロス集計表

		好奇心		計画性		自制心		協調性		兄弟	
		1	2	1	2	1	2	1	2	1	2
好奇心	1	8		3	5	3	5	4	4	3	5
	2		6	3	3	2	4	3	3	2	4
計画性	1	3	3	6		2	4	4	2	3	3
	2	5	3		8	3	5	3	5	2	6
自制心	1	3	2	2	3	5		2	3	4	1
	2	5	4	4	5		9	5	4	1	8
協調性	1	4	3	4	3	2	5	7		2	5
	2	4	3	2	5	3	4		7	3	4
兄弟	1	3	2	3	2	4	1	2	3	5	
	2	5	4	3	6	1	8	5	4		9

分析結果

			第1軸		
アイテム	カテゴリー	例数	カテゴリー数量	範囲	偏相関係数
好奇心	1	8	-0.06124	0.142885	0.084895
	2	6	0.081649		
計画性	1	6	-0.49175	0.86056	0.441298
	2	8	0.368811		
自制心	1	5	-1.15445	1.795809	0.718862
	2	9	0.64136		
協調性	1	7	0.183478	0.366956	0.206744
	2	7	-0.18348		
兄弟	1	5	-0.98359		0.578815
	2	9	0.546439		相関比

変量の得点

第1軸

No.	アイテム	外的基準
1	-1.52396	-0.98359
2	-0.88747	-0.98359
3	-1.74803	-0.98359
4	0.765457	0.546439
5	1.132413	0.546439
6	0.765457	0.546439
7	0.414739	0.546439
8	1.275298	0.546439
9	-1.03035	-0.98359
10	0.271853	-0.98359
11	0.414739	0.546439
12	-0.6634	0.546439
13	0.908343	0.546439
14	-0.0951	0.546439

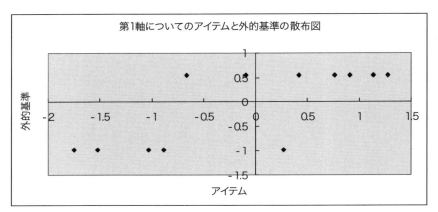

外的基準とアイテムとの関連を正準相関分析を用いて数量化します．

まず，外的基準を含めて，4つのアイテムのカテゴリーに反応した例数のクロス集計表が表示されます．

外的基準の判別を表す，相関比＝0.578815ですから，外的基準は比較的よく判別されているといえます．

アイテム内のカテゴリー数量の範囲，偏相関係数をみると，自制心が範囲，偏相関係数とも一番大きいので，自制心が分析に大きく関わり，次いで計画性も偏相関係数がやや大きいので，計画性も分析に関わっているといえます．

アイテムの変量関数 y は好奇心を X_1，カテゴリーを x_{11}, x_{12}，計画性を X_2，カテゴリーを x_{21}, x_{22}，自制心を X_3，カテゴリーを x_{31}, x_{32}，協調性を X_4，カテゴリーを x_{41}, x_{42} としたとき，

$$y = -0.06124 * x_{11} + 0.081649 * x_{12} - 0.49175 * x_{21} + 0.368811 * x_{22}$$
$$- 1.15445 * x_{31} + 0.64136 * x_{32} + 0.183478 * x_{41} - 0.18348 * x_{42}$$

となります．x_{ij} は i アイテムの j カテゴリーに反応したときは1でその他のときは0です．

外的基準の変量関数は，

$$z = -0.98359 * z_1 + 0.546439 * z_2$$

です．z_1 は「いる」= 1，「その他のとき」= 0，z_2 は「なし」= 1，「その他のとき」= 0 です．

外的基準の各カテゴリーの数量は，アイテムの変量の外的基準の各カテゴリー別の平均となります．

No.1 ではアイテムのアンケート結果が (1, 1, 1, 1) ですから，$x_{11} = 1$, $x_{21} = 1$, $x_{31} = 1$, $x_{41} = 1$ でその他の $x_{ij} = 0$ です．したがって No.1 のアイテムの変量の得点は

$$y = -0.06124 - 0.49175 - 1.15445 + 0.183478 = -1.52396$$

となります．

No.1 は兄弟「いる」ですから，$z_1 = 1$, $z_2 = 0$ で，$z = -0.98359$ となります．

変量の得点について，第1軸ではアイテムと外的基準の散布図が，第2軸がある場合は第1軸のアイテムと第2軸のアイテムの散布図が表示されます．

K さんは (2, 2, 1, 1) と答えましたので，

$$y = 0.081649 + 0.368811 - 1.15445 + 0.183478 = -0.52051$$

となり，兄弟「いる」群の平均は − 0.98359，「なし」群の平均は 0.546439 ですから，「いる」群に近いので，兄弟がいると判別されます．

例題 18 ■ 数量化 II 類

治療薬の効果を 3 段階に分類し，薬別，性別，年齢群別に集計したところ，次のデータを得ました．数量化 II 類によって，治療薬の効果を分析しなさい．

❖ 準備するデータ

列挙データフォーム

数量化 I 類の例題 16（143 ページ）で，効果の数値を（平均 ± 0.5 * 標準偏差）で 3 段階に分類．

効果	治療薬	性別	年齢群	効果	治療薬	性別	年齢群
1	A	女	壮年者	3	B	女	高齢者
2	B	女	高齢者	1	A	女	若年者
1	A	男	若年者	3	B	男	高齢者
2	C	女	若年者	2	C	男	壮年者
3	B	男	高齢者	2	B	女	高齢者
3	B	男	若年者	1	A	男	若年者
3	C	男	壮年者	1	B	女	壮年者
1	A	女	若年者	3	C	男	若年者
2	B	女	壮年者	2	A	女	高齢者
3	B	男	高齢者	1	C	女	若年者
3	C	男	高齢者	2	B	女	壮年者
1	C	女	壮年者	3	B	男	高齢者

❖ データの解析手順

列挙データフォームのデータを Mulcel で解析する手順を解説します．

1) 列挙データフォームのデータを準備します．

2) メニューバーの「多変量解析」から「数量化Ⅱ類」を選択します．

3) 「範囲・データフォーム」のダイアログボックスが現れます．
必要な設定の後，「OK」ボタンを押します．（範囲指定の詳細は18頁）

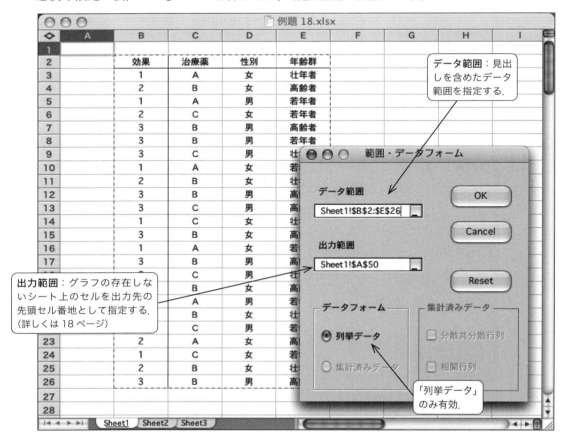

4) しばらくして，計算結果が表示されます．

	A	B	C	D	E	F	G	H	I
50	数量化Ⅱ類								
51									
52									
53	アイテム	データ数							
54	3	24							
55									
56	クロス集計表								
57									
58			治療薬			性別		年齢群	
59			A	B	C	女	男	高齢者	若年者
60	治療薬	A	6			4	2	1	4

❖ 解析結果の分析

数量化Ⅱ類

アイテム	データ数
3	24

クロス集計表

		治療薬 A	B	C	性別 女	男	年齢群 高齢者	若年者	壮年者	効果 1	2	3
治療薬	A	6			4	2	1	4	1	5	1	0
	B		11		6	5	7	1	3	1	4	6
	C			7	3	4	1	3	3	2	2	3
性別	女	4	6	3	13		4	4	5	6	6	1
	男	2	5	4		11	5	4	2	2	1	8
年齢群	高齢者	1	7	1	4	5	9			0	3	6
	若年者	4	1	3	4	4		8		5	1	2
	壮年者	1	3	3	5	2			7	3	3	1
効果	1	5	1	2	6	2	0	5	3	8		
	2	1	4	2	6	1	3	1	3		7	
	3	0	6	3	1	8	6	2	1			9

分析結果

			第1軸			第2軸		
アイテム	カテゴリー	例数	カテゴリー数量	範囲	偏相関係数	カテゴリー数量	範囲	偏相関係数
治療薬	A	6	-0.85988	1.188396	0.638495	-0.74152	1.05874	0.215653
	B	11	0.32852			0.202594		
	C	7	0.220791			0.317224		
性別	女	13	-0.48979	1.068638	0.668063	0.67561	1.474057	0.373544
	男	11	0.578846			-0.79845		
年齢群	高齢者	9	0.538061	0.943581	0.571635	0.438093	1.042611	0.225253
	若年者	8	-0.25049			-0.60452		
	壮年者	7	-0.40552			0.127614		
効果	1	8	-0.97242		0.739403	-0.38169		0.228422
	2	7	-0.18814		相関比	0.721589		相関比
	3	9	1.010704			-0.22196		

変量の得点

第1軸

No.	アイテム	外的基準
1	-1.75519	-0.97242
2	0.376789	-0.18814
3	-0.53152	-0.97242
4	-0.51949	-0.18814
5	1.445427	1.010704
6	0.656876	1.010704
7	0.394117	1.010704
8	-1.60016	-0.97242
9	-0.56679	-0.18814
10	1.445427	1.010704
11	1.337698	1.010704
12	-0.67452	-0.97242
13	0.376789	1.010704
14	-1.60016	-0.97242
15	1.445427	1.010704
16	0.394117	-0.18814
17	0.376789	-0.18814
18	-0.53152	-0.97242
19	-0.56679	-0.97242
20	0.549147	1.010704
21	-0.81161	-0.18814
22	-0.51949	-0.97242
23	-0.56679	-0.18814
24	1.445427	1.010704

第2軸

No.	アイテム	外的基準
1	0.061708	-0.38169
2	1.316297	0.721589
3	-2.14448	-0.38169
4	0.388315	0.721589
5	-0.15776	-0.22196
6	-1.20037	-0.22196
7	-0.35361	-0.22196
8	-0.67042	-0.38169
9	1.005818	0.721589
10	-0.15776	-0.22196
11	-0.04313	-0.22196
12	1.120448	-0.38169
13	1.316297	-0.22196
14	-0.67042	-0.38169
15	-0.15776	-0.22196
16	-0.35361	0.721589
17	1.316297	0.721589

18	-2.14448	-0.38169
19	1.005818	-0.38169
20	-1.08574	-0.22196
21	0.372187	0.721589
22	0.388315	-0.38169
23	1.005818	0.721589
24	-0.15776	-0.22196

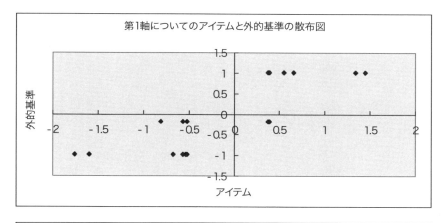

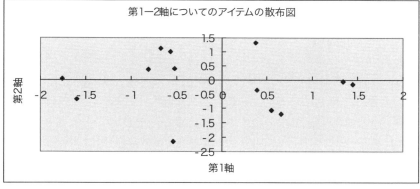

　第1軸の相関比0.739403に比べて第2軸の相関比0.228422は小さいので，第1軸で外的基準は十分説明されています．カテゴリー数量の範囲，偏相関係数をみると，3つのアイテムともほぼ同じ程度に外的基準に影響しています．治療薬ではAの係数（絶対値）が大きく，性別では男の係数が大きく，年齢群では高齢者の係数が大きいことは，数量化Ⅰ類での分析と同じ結果です．

　「第1軸についてのアイテムと外的基準の散布図」でも，外的基準の第1群が−1.8〜−0.5，第2群が−0.8〜0.4，第3群が0.4〜1.4のアイテムの変量得点を持ち，よく判別されていることが分かります．「第1-2軸についてのアイテムの散布図」ではどの点がどの群か判別しにくいですが，「第1軸についてのアイテムと外的基準の散布図」と重ねあわせて見ると判別できます．

8-3 数量化Ⅲ類　Type Ⅲ Quantification Method

テーマ　質的変量のサンプルと質的変量のカテゴリーの相関を最大にするようにサンプルとカテゴリーに数値を与える．

数量化Ⅲ類で使われる用語
　　サンプル　：観測される対象
　　アイテム　：設問内容
　　カテゴリー：アイテムの答え

どのような手法か

　　外的基準がない数量化の方法で，縦（サンプル）と横（カテゴリー）の2組のデータの間にレ印などで関係が与えられている場合に用いられ，縦と横の相関を最大にするような分析を目的とした手法です．（例題19）

　　サンプルのカテゴリーへの反応パターンの類似性にもとづいて，サンプルとカテゴリーの両方を数量化し，図に表現してサンプルやカテゴリーの構造を探る手がかりとします．パターン分類法とよぶこともあります．

　サンプルとカテゴリーの相関を最大にする数量を求めることは**ラグランジュの定理**を用い，**固有値問題**を解くことに帰着します．

　固有値は相関係数の2乗となります．1以外の固有値の中で最大なものに対応する固有ベクトルから相関を最大にする数量を求めます．これを**第1軸**といいます．第1軸だけでサンプルとカテゴリーの分類が十分に行えない場合は次に大きい固有値に対応する固有ベクトルから**第2軸**を求めます．

　まだ不十分な場合は第3軸，第4軸，…と複数の軸を求め，各軸に対する散布図からサンプル間やカテゴリー間の関係を総合的に検討します．

■数量化Ⅲ類で分析できるデータフォーム

列挙データフォーム

	カテゴリー1	カテゴリー2	………	カテゴリーm
サンプル1	c_{11}	c_{22}	………	c_{m1}
サンプル2	c_{12}	c_{22}	………	c_{m2}
・	・	・	・	・
・	・	・	・	・
サンプルn	c_{1n}	c_{2n}	………	c_{mn}

※c_{ij}は1または0．すなわち，サンプルjがカテゴリーiに反応したときは1で，しないときは0．

例題 ■ **19** ■ 数量化Ⅲ類

次の表は30歳代女性10人の余暇についての回答表です．
1．ガーデニング　2．ドライブ　3．読書
4．スポーツ　　5．音楽鑑賞　6．映画鑑賞
7．グルメ食べ歩き　8．パソコン

表中の数値1は選択した項目を意味しています．（複数選択可能）
このデータを数量化Ⅲ類で分析しなさい．

❖ 準備するデータ
列挙データフォーム

	ガーデニング	ドライブ	読書	スポーツ	音楽鑑賞	映画鑑賞	グルメ	パソコン
1	1	0	0	0	1	0	1	0
2	1	1	0	1	0	0	0	0
3	1	0	1	0	1	1	1	0
4	0	1	0	0	0	0	1	1
5	1	0	1	0	1	0	0	0
6	1	0	0	0	1	0	0	1
7	0	1	1	1	0	0	0	1
8	0	0	1	0	1	1	0	0
9	0	1	0	1	0	0	0	1
10	1	1	0	1	0	0	1	1

❖ データの解析手順

列挙データフォームのデータをMulcelで解析する手順を解説します．

1）列挙データフォームのデータを準備します．
2）メニューバーの「多変量解析」から「数量化Ⅲ類」を選択します．

3）「範囲・データフォーム」のダイアログボックスが現れます．
必要な設定の後，「OK」ボタンを押します．（範囲指定の詳細は 18 頁）

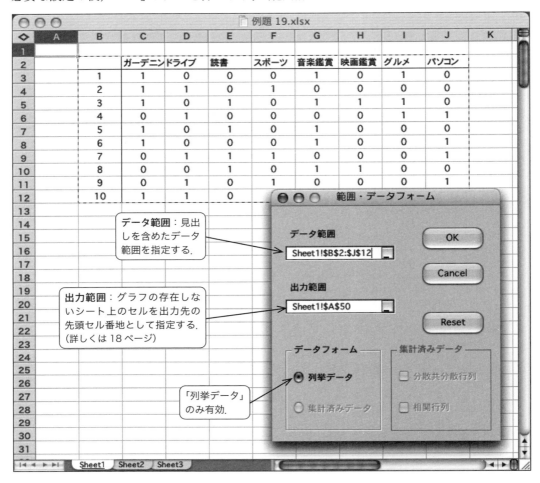

4）しばらくして，計算結果が表示されます．

❖ 解析結果の分析

数量化 III 類

サンプル数	カテゴリー数
10	8

データ行列と周辺度数

1	0	0	0	1	0	1	0	3
1	1	0	1	0	0	0	0	3
1	0	1	0	1	1	1	0	5
0	1	0	0	0	0	1	1	3
1	0	1	0	1	0	0	0	3
1	0	0	0	1	0	0	1	3
0	1	1	1	0	0	0	1	4
0	0	1	0	1	1	0	0	3
0	1	0	1	0	0	0	1	3
1	1	0	1	0	0	1	1	5
6	5	4	4	5	2	4	5	35

	第1軸	第2軸	第3軸	第4軸	第5軸	第6軸	第7軸
固有値	0.615404	0.269012	0.175855	0.118227	0.060626	0.014674	0.013424

カテゴリー数量

	第1軸	第2軸	第3軸	第4軸	第5軸	第6軸	第7軸
ガーデニング	0.293944	-1.06338	-1.22389	-0.56964	0.196167	0.341413	-1.28012
ドライブ	-1.19688	0.428878	0.293511	-0.42394	-0.22984	-1.95364	-0.49815
読書	0.980621	1.455941	-0.24249	0.266612	-2.06231	0.451833	-0.28541
スポーツ	-1.21603	0.869615	-0.87966	-1.04656	0.52895	1.107501	1.462733
音楽鑑賞	1.20447	-0.48412	-0.56941	0.809885	0.464938	-1.01652	1.444043
映画鑑賞	1.764162	1.696677	1.690161	-0.99807	2.380156	0.24036	-0.96609
グルメ	0.03144	-1.48837	1.854103	-0.81949	-0.8406	0.558729	0.636968
パソコン	-0.90281	-0.01713	0.482944	1.976402	0.476609	0.769867	-0.47475

サンプル数量

	第1軸	第2軸	第3軸	第4軸	第5軸	第6軸	第7軸
1	0.650053	-1.95108	0.048331	-0.56155	-0.243	-0.32024	2.304168
2	-0.90037	0.151103	-1.43876	-1.97779	0.670496	-1.38885	-0.9078
3	1.089806	0.045022	0.719431	-0.76239	0.112379	0.950684	-0.77783
4	-0.87882	-0.69192	2.090974	0.710572	-0.80392	-1.71993	-0.96647
5	1.053371	-0.05884	-1.61821	0.491364	-1.89693	-0.61439	-0.34951
6	0.253078	-1.00555	-1.04157	2.148899	1.540219	0.26075	-0.89425
7	-0.74416	1.319404	-0.20609	0.56168	-1.30633	0.775083	0.441111
8	1.678083	1.714986	0.69811	0.076033	1.059721	-0.89245	0.553973
9	-1.40889	0.823505	-0.08204	0.490443	1.050153	-0.20987	1.409263
10	-0.76238	-0.48987	0.251343	-0.51374	0.106638	1.360235	-0.26466

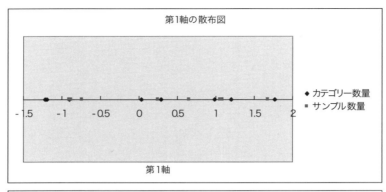

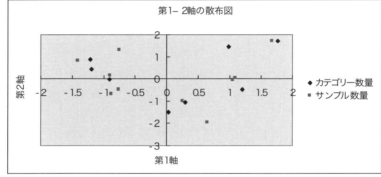

　第1軸の固有値は0.615404で，第2軸の固有値は0.269012ですから，第1軸でサンプルの類似度，カテゴリーの類似度はほとんど説明されています．第1-2軸の散布図をみると，カテゴリー数量では，(読書，映画鑑賞)と(ガーデニング，音楽鑑賞，グルメ)，(ドライブ，スポーツ，パソコン)の3つのクラスターが形成され，サンプル数量では(No.3, No.5, No.8), (No.1, No.6), (No.2, No.4, No.7, No.9, No.10)の3つのクラスターが形成されているようです．クラスター分析のデンドログラムと比較してみましょう．

8-4　数量化IV類　Type IV Quantification Method

テーマ	観測対象を類似性にもとづいて分類する．

数量化IV類で使われる用語
　　　類似度　　：2つの対象の類似性を示す数値
　　　類似度行列：類似度を行列にまとめたもの．対角要素は定義されないものとする．
どのような手法か
　　　個々のデータの類似性を分析してデータを直線上，平面上，空間上，…，多次元空

間上に並べて類似度を解明する手法です．

類似性を表す数値は値が大きいほど類似度が高いとします．クラスター分析で求められる非類似度行列は値が小さいほど類似していることを示しているので，負符号をつけて類似度に変換して使います．

n個の対象$O_1, O_2, \cdots, O_n$の間で，O_iとO_jの類似度を表す数値e_{ij}が与えられているとき，$e_{ij} = e_{ji}$である必要はなく，非対称的な場合もあります．また同じ対象でも類似度の与え方が異なれば，空間での対象間の位置関係は違ってきます．

対象O_iに与える数量をx_i求めるために，類似度e_{ij}と，O_iとO_jの距離による類似度である$-(x_i - x_j)^2$の相関を最大にすることを考えます．**ラグランジュの定理**を用い，**固有値問題**を解くことに帰着します．0（ゼロ）以外の固有値について，固有値に対応する固有ベクトルが対象に与える数量となります．

直線上での位置関係を調べるには，最大固有値に対応する固有ベクトル（**第1軸**）を用います．直線上での表示で十分でないときは，次に大きい固有値に対応する固有ベクトル（**第2軸**）を用いて，第1軸と第2軸の平面上での位置関係を調べます．平面上での表示で十分でないときは，第3軸を用いて空間上での位置関係を調べます．以下同様に多次元空間での位置関係を調べます．

■ 数量化IV類で分析できるデータフォーム

① 列挙データフォーム

	項目1	項目2	………	項目m
個体1	c_{11}	c_{22}	………	c_{m1}
個体2	c_{12}	c_{22}	………	c_{m2}
・	・	・		・
・	・	・		・
個体n	c_{1n}	c_{2n}	………	c_{mn}

※ c_{ij}は質的データ．

個体間の類似度を各項目への同じ反応を示す個数とします．

たとえば5段階評価の6項目に対してA，Bが次のような評価を下した場合，A，Bの類似度は3となります．

A	5	4	3	2	4	2
B	5	2	3	1	4	3

② 集計済みデータフォーム

類似度行列

	個体1	個体2	………	個体n
個体1		d_{22}	………	d_{n1}
個体2	d_{12}		………	d_{n2}
・	・	・		・
・	・	・		d_{nn-1}
個体n	d_{1n}	d_{2n}	………	

※ d_{ij}は類似度．対称でなくてよい．対角要素は定義されないものとする．

例題 20 ■ 数量化IV類：質的データの例

ある疾患の治療薬 A, B, C の有効性を 10 人の医師 d1, d2, ···, d10 がチェック（複数選択可）をして，次のデータを得ました．治療薬の評価の類似度を解析しなさい．また医師の評価の類似度についても解析しなさい．数値 1 は有効を意味しています．

	A	B	C
d1	1	0	1
d2	1	1	0
d3	0	0	1
d4	0	1	0
d5	1	0	0
d6	1	1	1
d7	1	1	0
d8	1	1	0
d9	0	1	1
d10	1	0	0

❖ 準備するデータ

列挙データフォーム

データは質的データです．治療薬の評価の類似度を解析するには解析項目を行方向に配置するためにデータを転置します．

	d1	d2	d3	d4	d5	d6	d7	d8	d9	d10
A	1	1	0	0	1	1	1	1	0	1
B	0	1	0	1	0	1	1	1	1	0
C	1	0	1	0	0	1	0	0	1	0

注意：Excel の TRANSPOSE 関数を使って転置した場合，セルに数式が入力されたままですと，Mulcel は解析できません．必ずセルには数値は入力されているように，数式を値に固定します．

医師の評価の類似度を解析するにはこのデータを列挙データフォームで解析します．

	A	B	C
d1	1	0	1
d2	1	1	0
d3	0	0	1
d4	0	1	0
d5	1	0	0
d6	1	1	1
d7	1	1	0
d8	1	1	0
d9	0	1	1
d10	1	0	0

❖ データの解析手順

列挙データフォームのデータを Mulcel で解析する手順を解説します．

1) 列挙データフォームのデータを準備します．

2) メニューバーの「多変量解析」から「数量化IV類」を選択します．

3) 「範囲・データフォーム」のダイアログボックスが現れます．
  必要な設定の後，「OK」ボタンを押します．（範囲指定の詳細は 18 頁）

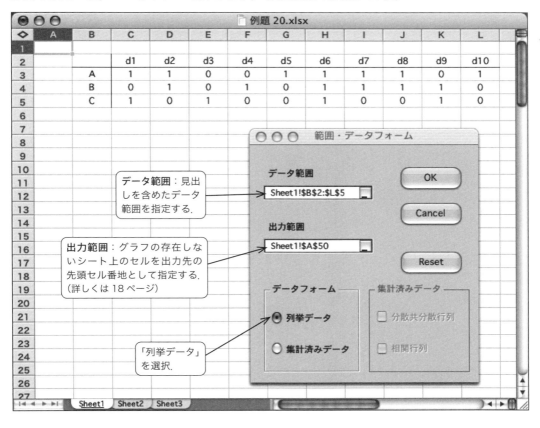

4） しばらくして，計算結果が表示されます．

❖ 解析結果の分析

数量化 IV 類
対象数　　　3

類似度行列と周辺度数

	A	B	C	計
A	0	5	3	8
B	5	0	4	9
C	3	4	0	7
計	8	9	7	

	第1軸	第2軸
固有値	-20.5359	-27.4641

固有ベクトル

A	-0.57735	-0.57735
B	-0.21132	0.788675
C	0.788675	-0.21132

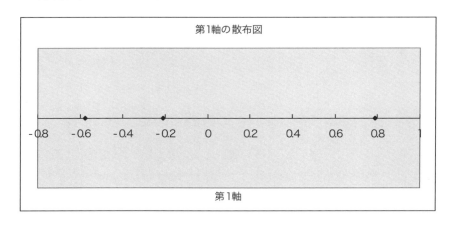

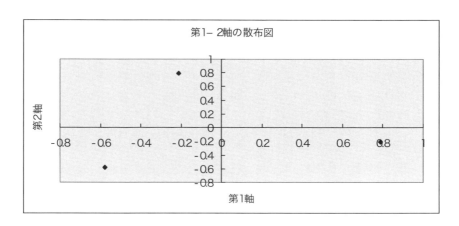

　数量の第1軸の散布図および第1-2軸の散布図より治療薬AとBの評価の類似度が高いことが分かります．

　医師の評価の類似度を解析した結果は次のようになります．

数量化Ⅳ類
対象数　　10

類似度行列と周辺度数

	d1	d2	d3	d4	d5	d6	d7	d8	d9	d10	計
d1	0	1	2	0	2	2	1	1	1	2	12
d2	1	0	0	2	2	2	3	3	1	2	16
d3	2	0	0	1	1	1	0	0	2	1	8
d4	0	2	1	0	1	1	2	2	2	1	12
d5	2	2	1	1	0	1	2	2	0	3	14
d6	2	2	1	1	1	0	2	2	2	1	14
d7	1	3	0	2	2	2	0	3	1	2	16
d8	1	3	0	2	2	2	3	0	1	2	16
d9	1	1	2	2	0	2	1	1	0	0	10
d10	2	2	1	1	3	1	2	2	0	0	14
計	12	16	8	12	14	14	16	16	10	14	

	第1軸	第2軸	第3軸	第4軸	第5軸	第6軸	第7軸	第8軸	第9軸
固有値	-15.2397	-19.6992	-24.6528	-30	-30	-34	-34.4083	-38	-38

固有ベクトル

	第1軸	第2軸	第3軸	第4軸	第5軸	第6軸	第7軸	第8軸	第9軸
d1	0.096359	-0.36528	-0.56039	0.205378	-0.59818	-3.4E-08	0.20797	5.43E-11	1.03E-09
d2	-0.24067	0.032938	0.069233	0.075044	0.192939	-4.4E-08	0.355915	-0.73256	0.360593
d3	0.810279	-0.26199	0.348334	0.075044	0.192939	1.12E-08	0.103022	-6.3E-10	-4.9E-12
d4	-0.09636	0.365276	0.56039	0.205378	-0.59818	-3.4E-08	-0.20797	1.91E-10	2.79E-09
d5	-0.17204	-0.30254	0.056298	-0.43051	0.019363	-0.70711	-0.29998	5.32E-08	-3.7E-09
d6	-0.04413	0.081589	-0.27802	0.580599	0.366516	2.12E-08	-0.58538	1.36E-10	5.79E-09
d7	-0.24067	0.032938	0.069233	0.075044	0.192939	1.56E-08	0.355915	0.053995	-0.81471
d8	-0.24067	0.032938	0.069233	0.075044	0.192939	6.18E-08	0.355915	0.678561	0.454116
d9	0.299946	0.686679	-0.39061	-0.43051	0.019363	1.28E-09	0.014568	-1.4E-10	-2.6E-09
d10	-0.17204	-0.30254	0.056298	-0.43051	0.019363	0.707107	-0.29998	-5.3E-08	-3.1E-09

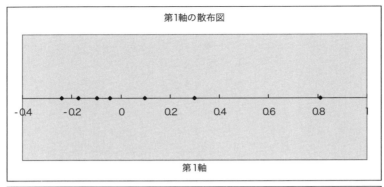

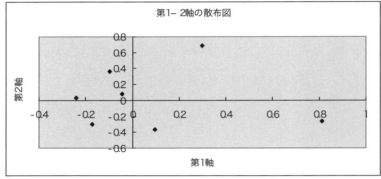

固有ベクトルの値と数量の第1軸の散布図および第1-2軸の散布図より医師d2，d7，d8は同じ評価で，医師d5とd10も同じ評価です．医師d4とd6の評価の類似度が高いことが分かります．医師d3の評価はかけ離れているとみることができます．

例題 21 ■ 数量化Ⅳ類：類似度行列の例

次のデータは平成15年の関東地方の都県別の人口千対の出生率と死亡率を表す人口動態です．都県の類似度をいくつかの類似度行列について分析しなさい．

	出生率	死亡率
茨城	9	8.3
栃木	9.1	8.5
群馬	9.2	8.5
埼玉	9.1	6.4
千葉	8.9	6.8
東京	8.2	7.3
神奈川	9.4	6.4

❖ 準備するデータ

集計済みデータフォーム

データは量的データですので，このままの列挙データフォームでは数量化Ⅳ類で解析できま

せん．集計済みデータフォームの類似度行列を準備します．どのような類似度行列を準備するかによって，対象間の類似度は変わってきます．何を目的として解析したいのかによって類似度行列の準備が変わってくるともいえます．

Mulcel ではクラスター分析において，非類似度行列が求めるられますので，負符号をつけて類似度行列を準備することができます．

次の4つの類似度行列について解析します．
　(1) ユークリッドの平方距離　　(3) 市街地距離
　(2) ユークリッド距離　　　　　(4) マハラノビスの汎距離

類似度行列は次のようになります．

(1) ユークリッドの平方距離

類似度行列　　ユークリッド平方距離

	茨城	栃木	群馬	埼玉	千葉	東京	神奈川
茨城		-0.05	-0.08	-3.62	-2.26	-1.64	-3.77
栃木	-0.05		-0.01	-4.41	-2.93	-2.25	-4.5
群馬	-0.08	-0.01		-4.42	-2.98	-2.44	-4.45
埼玉	-3.62	-4.41	-4.42		-0.2	-1.62	-0.09
千葉	-2.26	-2.93	-2.98	-0.2		-0.74	-0.41
東京	-1.64	-2.25	-2.44	-1.62	-0.74		-2.25
神奈川	-3.77	-4.5	-4.45	-0.09	-0.41	-2.25	

(2) ユークリッド距離

類似度行列　　ミンコフスキー距離　　k＝2　（ユークリッド距離）

	茨城	栃木	群馬	埼玉	千葉	東京	神奈川
茨城		-0.22361	-0.28284	-1.90263	-1.50333	-1.28062	-1.94165
栃木	-0.22361		-0.1	-2.1	-1.71172	-1.5	-2.12132
群馬	-0.28284	-0.1		-2.10238	-1.72627	-1.56205	-2.1095
埼玉	-1.90263	-2.1	-2.10238		-0.44721	-1.27279	-0.3
千葉	-1.50333	-1.71172	-1.72627	-0.44721		-0.86023	-0.64031
東京	-1.28062	-1.5	-1.56205	-1.27279	-0.86023		-1.5
神奈川	-1.94165	-2.12132	-2.1095	-0.3	-0.64031	-1.5	

(3) 市街地距離

類似度行列　　ミンコフスキー距離　　k＝1　（市街地距離）

	茨城	栃木	群馬	埼玉	千葉	東京	神奈川
茨城		-0.3	-0.4	-2	-1.6	-1.8	-2.3
栃木	-0.3		-0.1	-2.1	-1.9	-2.1	-2.4
群馬	-0.4	-0.1		-2.2	-2	-2.2	-2.3
埼玉	-2	-2.1	-2.2		-0.6	-1.8	-0.3
千葉	-1.6	-1.9	-2	-0.6		-1.2	-0.9
東京	-1.8	-2.1	-2.2	-1.8	-1.2		-2.1
神奈川	-2.3	-2.4	-2.3	-0.3	-0.9	-2.1	

(4) マハラノビスの汎距離
類似度行列　　マハラノビスの汎距離

	茨城	栃木	群馬	埼玉	千葉	東京	神奈川
茨城		-0.11333	-0.32179	-3.94184	-2.499	-5.54568	-4.94385
栃木	-0.11333		-0.06909	-4.74494	-3.4063	-7.21043	-5.32882
群馬	-0.32179	-0.06909		-4.82667	-3.76197	-8.53031	-4.99602
埼玉	-3.94184	-4.74494	-4.82667		-0.44369	-6.41886	-0.62179
千葉	-2.499	-3.4063	-3.76197	-0.44369		-3.63321	-1.8873
東京	-5.54568	-7.21043	-8.53031	-6.41886	-3.63321		-10.7551
神奈川	-4.94385	-5.32882	-4.99602	-0.62179	-1.8873	-10.7551	

❖ データの解析手順

(1)のユークリッドの平方距離について解析します．
　集計済みデータフォームのデータをMulcelで解析する手順を解説します．

1) 集計済みデータフォームのデータを準備します．

2) メニューバーの「多変量解析」から「数量化IV類」を選択します．

3) 「範囲・データフォーム」のダイアログボックスが現れます．
　　必要な設定の後，「OK」ボタンを押します．（範囲指定の詳細は18頁）

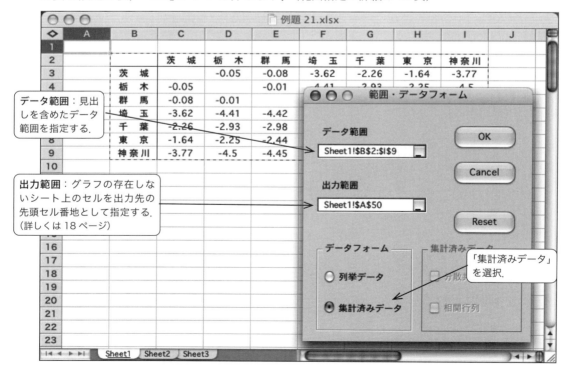

4）しばらくして，計算結果が表示されます．

	A	B	C	D	E	F	G	H	I
50	数量化IV類								
51									
52									
53	対象数		7						
54									
55									

❖ 解析結果の分析

数量化IV類

対象数　　7

類似度行列と周辺度数

	茨城	栃木	群馬	埼玉	千葉	東京	神奈川	計
茨城	0	-0.05	-0.08	-3.62	-2.26	-1.64	-3.77	-11.42
栃木	-0.05	0	-0.01	-4.41	-2.93	-2.25	-4.5	-14.15
群馬	-0.08	-0.01	0	-4.42	-2.98	-2.44	-4.45	-14.38
埼玉	-3.62	-4.41	-4.42	0	-0.2	-1.62	-0.09	-14.36
千葉	-2.26	-2.93	-2.98	-0.2	0	-0.74	-0.41	-9.52
東京	-1.64	-2.25	-2.44	-1.62	-0.74	0	-2.25	-10.94
神奈川	-3.77	-4.5	-4.45	-0.09	-0.41	-2.25	0	-15.47
計	-11.42	-14.15	-14.38	-14.36	-9.52	-10.94	-15.47	

	第1軸	第2軸	第3軸	第4軸	第5軸	第6軸
固有値	50.30825	30.45588	28.58216	26.78764	23.83537	20.51069

固有ベクトル

茨城	-0.29192	-0.02767	-0.03955	0.232656	-0.84255	-0.07472
栃木	-0.44836	0.045342	-0.66	-0.39772	0.245369	-0.00906
群馬	-0.45678	0.179019	0.728102	-0.16275	0.244136	-0.01484
埼玉	0.454225	-0.56434	0.142374	-0.50935	-0.09824	-0.20731
千葉	0.192185	-0.1039	-0.01728	0.190036	0.082037	0.875369
東京	0.040544	-0.27641	-0.08978	0.681517	0.391692	-0.39134
神奈川	0.510106	0.747962	-0.06387	-0.03438	-0.02245	-0.1781

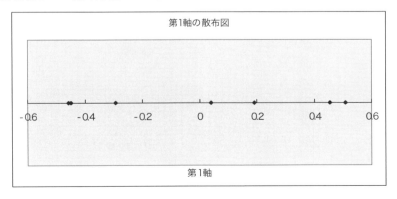

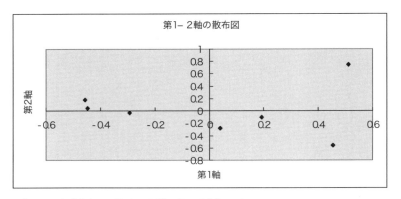

第1-2軸の散布図より栃木, 群馬の類似度が顕著です．

(2) ユークリッド距離, (3) 市街地距離, (4) マハラノビスの汎距離の類似度行列で解析した結果の第1−2軸の散布図は次のようになります．

(2) ユークリッド距離

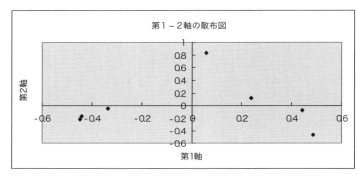

(3) 市街地距離

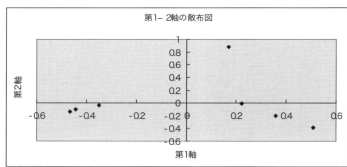

(4) マハラノビスの汎距離

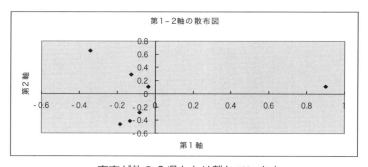

東京が他の6県とかけ離れています．

9 多変量の相関
Correlation of Multivariate

テーマ 複数の変量間の相関関係を調べる．

　多変量の相関では，複数の変量間の相関関係を調べます．「多変量」とは分析対象の変量の数が3つ以上であることを意味します．「多変量の相関」の結果から，次のようなことが分かります．
■k個の変量について，2変量ずつの組み合わせで，k(k-1)/2個の相関係数を求め，**相関行列**と**相関分析表**を表示します．
■**相関係数の有意性**は，母相関係数 $\rho = 0$ を検定することで，
　　　　　帰無仮説「2変量の間に相関はない」
を検定します．
■**母相関係数**ρ の $100(1-\alpha)$% **信頼区間**を表示します．ρ の信頼区間に0（ゼロ）が含まれないとき，$\rho \neq 0$ を意味します．すなわち，検定は有意であり，2変量の間に相関関係があるとみなされます．
■Mulcel では「ピアソンの相関係数」と「スピアマンの順位相関係数」と「ケンドールの順位相関係数」を表示します．

　相関係数といえば，通常「**ピアソンの相関係数**」をいい，第1章から第8章までの相関係数は「ピアソンの相関係数」を意味しています．分布が正規分布に従っているデータの相関係数です．データの分布が極端に正規分布から偏っているか，不明な場合や，質的データを「**ノンパラメトリックデータ**」といいます．「スピアマンの順位相関係数」と「ケンドールの順位相関係数」はノンパラメトリックデータの相関係数を求めます．
■「**スピアマンの順位相関係数**」はn組のデータについて，変量ごとにn個のデータについて小さい方から順位をつけます．同じ順位のもの（タイ）があれば，それらに割り当てるべき順位の平均をそれらに割り当てます．

■「ケンドールの順位相関係数」は相関関係を求める 2 組のデータについて, 1 組目と 2 組目共に数値が増加あるいは減少している個数 P とし, 片方は増加, 片方は減少している個数を Q とします. 同順位のもの (タイ) があれば, その組合わせ数も求めます.
P と Q とタイの組み合わせ数をもとに求めます.
■「ピアソンの相関係数検定」では, 統計量 t は自由度 n-2 の t 分布に従うことを利用します.
■「スピアマンの順位相関係数検定」では統計量 Z は標準正規分布 N(0,1) に従うことを利用します.
■「ケンドールの順位相関係数検定」では統計量 Z は標準正規分布 N(0,1) に従うことを利用します.

■多変量の相関で分析できるデータフォーム

列挙データフォーム

変量の数が p 個のとき, 次のようになります.

変量名 1	変量名 2	⋯⋯	変量名 p
数値	数値	⋯⋯	数値
.	.		.
.	.		.
数値	数値	⋯⋯	数値

例題 22 ■ 多変量の相関

A 市の 20 歳代の女性の健康診断データから, 相関行列を求め, 相関係数を分析しなさい.

❖ 準備するデータ

列挙データフォーム

身長	体重	赤血球数	血色素数
157.7	51.9	461	13.3
163.8	47.7	426	14.3
155.6	45.3	443	13.8
159.4	57.1	429	13.7
163.2	57.9	430	12.9
163.0	46.3	422	13.2
162.4	49.9	449	13.5
152.5	41.4	444	13.8
154.9	47.3	423	14.3
153.2	42.7	468	15.2
161.5	63.0	502	13.8
160.0	48.8	434	13.0
160.3	51.9	421	11.2
158.1	51.0	417	13.4
155.0	53.3	456	12.7
152.2	48.4	414	12.6
155.0	53.4	461	14.8

150.2	41.7	453	14.7
154.8	55.8	433	13.2
154.5	40.1	368	12.4
161.2	46.0	433	13.6
161.8	42.9	390	13.3
147.8	45.1	441	13.6
156.4	54.6	469	13.9
165.7	48.8	410	12.9
149.1	41.5	486	14.2
165.7	51.5	442	13.6
162.9	51.7	422	13.3
174.4	77.0	469	14.5
154.9	51.4	432	13.1
148.5	47.1	489	14.2
155.1	44.9	407	12.8

❖ データの解析手順

列挙データフォームのデータを Mulcel で解析する手順を解説します．

1) 列挙データフォームのデータを準備します．
2) メニューバーの「多変量解析」から「多変量の相関」を選択します．

3) 「範囲・データフォーム」のダイアログボックスが現れます．
   必要な設定の後，「OK」ボタンを押します．（範囲指定の詳細は 18 頁）

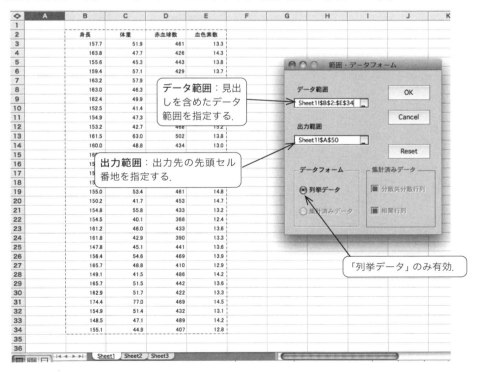

多変量の相関

4) しばらくして，計算結果が表示されます．

[Excel screenshot of 例題22.xlsx showing the following content:]

	A	B	C	D	E
50	多変量の相関				
52	変量の数	データ数			
53	4	32			
56		平均値	不偏分散	標準偏差	標準誤差
57	身長	157.8375	34.24952	5.852309	1.034552
58	体重	49.91875	53.16867	7.291685	1.289
59	赤血球数	438.875	806.3065	28.39554	5.019669
60	血色素数	13.525	0.633548	0.795958	0.140707
63	分散共分散行列				
65		身長	体重	赤血球数	血色素数
66	身長	34.24952	25.22648	-25.0578	-0.58563
67	体重	25.22648	53.16867	68.18359	0.138906
68	赤血球数	-25.0578	68.18359	806.3065	12.43125
69	血色素数	-0.58563	0.138906	12.43125	0.633548
73	ピアソンの相関係数検定			スピアマンの順位相関係数検定	

❖ 解析結果の分析

多変量の相関

変量の数	データ数
4	32

	平均値	不偏分散	標準偏差	標準誤差
身　長	157.8375	34.24952	5.852309	1.034552
体　重	49.91875	53.16867	7.291685	1.289
赤血球数	438.875	806.3065	28.39554	5.019669
血色素数	13.525	0.633548	0.795958	0.140707

分散共分散行列

	身長	体重	赤血球数	血色素数
身　長	34.24952	25.22648	-25.0578	-0.58563
体　重	25.22648	53.16867	68.18359	0.138906
赤血球数	-25.0578	68.18359	806.3065	12.43125
血色素数	-0.58563	0.138906	12.43125	0.633548

ピアソンの相関係数検定

相関行列

	身長	体重	赤血球数	血色素数
身　長	1	0.610225	-0.15565	-0.12977
体　重	0.610225	1	0.339931	0.024705
赤血球数	-0.15565	0.339931	1	0.567758
血色素数	-0.12977	0.024705	0.567758	1

相関分析表

	相関係数	t値	P値(両側確率)	t(0.975)	95%下限	95%上限	
身長, 体重	0.610225	4.218909	0.000209	2.042272	0.332222	0.790677	**
身長, 赤血球数	-0.15565	-0.86306	0.394953	2.042272	-0.47838	0.204121	
身長, 血色素数	-0.12977	-0.71687	0.479	2.042272	-0.45775	0.229295	
体重, 赤血球数	0.339931	1.979771	0.056968	2.042272	-0.00994	0.61565	
体重, 血色素数	0.024705	0.135358	0.893233	2.042272	-0.3268	0.37021	**
赤血球数, 血色素数	0.567758	3.777641	0.000701	2.042272	0.273138	0.765002	

スピアマンの順位相関係数検定

相関行列

	身　長	体　重	赤血球数	血色素数
身　長	1	0.4774	-0.22568	-0.15349
体　重	0.4774	1	0.212452	-0.09078
赤血球数	-0.22568	0.212452	1	0.637716
血色素数	-0.15349	-0.09078	0.637716	1

相関分析表

	相関係数	Z値	P値(両側確率)	Z(0.975)	95%下限	95%上限	
身長, 体重	0.4774	2.65805	0.007859	1.959964	0.979862	0.995267	
身長, 赤血球数	-0.22568	-1.25651	0.20893	1.959964	-0.92469	-0.71265	
身長, 血色素数	-0.15349	-0.85461	0.392765	1.959964	-0.83923	-0.45474	
体重, 赤血球数	0.212452	1.182882	0.236856	1.959964	0.674485	0.913262	
体重, 血色素数	-0.09078	-0.50546	0.613233	1.959964	-0.70108	-0.14057	**
赤血球数, 血色素数	0.637716	3.550653	0.000384	1.959964	0.996593	0.999204	

ケンドールの順位相関係数検定

相関行列

	身　長	体　重	赤血球数	血色素数
身　長	1	0.318136	-0.15228	-0.10246
体　重	0.318136	1	0.166329	-0.05527
赤血球数	-0.15228	0.166329	1	0.461558
血色素数	-0.10246	-0.05527	0.461558	1

相関分析表

	相関係数	Z値	P値(両側確率)	Z(0.975)	95%下限	95%上限	
身長, 体重	0.318136	2.558882	0.010501	1.959964	0.975499	0.994232	*
身長, 赤血球数	-0.15228	-1.22488	0.220621	1.959964	-0.91997	-0.69673	
身長, 血色素数	-0.10246	-0.82416	0.40985	1.959964	-0.82999	-0.43025	
体重, 赤血球数	0.166329	1.337844	0.180947	1.959964	0.750408	0.935634	
体重, 血色素数	-0.05527	-0.44459	0.656613	1.959964	-0.66879	-0.08046	**
赤血球数, 血色素数	0.461558	3.712479	0.000205	1.959964	0.997534	0.999424	

相関分析表で相関係数が危険率1％で有意差があるときは「**」が，危険率5％で有意差があ

9 多変量の相関

るときは「*」が右端に表示されます．

　このデータでは「身長と体重」と「赤血球数と赤色素数」の相関係数が「ピアソンの相関係数検定」と「スピアマンの順位相関係数検定」では危険率 1％ で有意であると判定されますが，「ケンドールの順位相関係数検定」では「身長と体重」の相関係数は危険率 5％ で，「赤血球数と赤色素数」の相関係数は危険率 1％ で有意であると判定されます．

　相関係数の検定の詳細については付録 2 を参照してください．

10 ロジスティック回帰分析による判別

Discriminant by logistic regression analysis

テーマ ロジスティック回帰分析を理解し，ロジスティック回帰分析を判別問題に適用する．

目的変数 y が数値ではなく，「あり」，「なし」や「正常」，「異常」などの2通り質的データで与えられ，説明変数は量的データでも質的データでもよい場合の目的変数と説明変数の関係を確率 p で予測します．
q 個の説明変数を $x_1, x_2, \cdots, x_q$ とするとき，次のようになります．

$$p = \frac{1}{1 + \exp(-z)} \quad \text{ただし}, z = b_0 + b_1 x_1 + b_2 x_2 + \cdots + b_q x_q$$

ロジスティック曲線

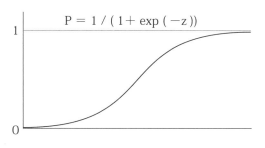

分析には数値化する必要があり，目的変数は「0」と「1」に置き換えます．説明変数が質的データで k 通りの場合「0」，「1」，…，「$k-1$」に置き換えます．

ロジスティック回帰では y があるカテゴリに属する確率 p を考えて，Logit(p) を1次式で表すこと，すなわち

$$\ln\left(\frac{p}{1-p}\right) = \mathrm{Logit}(p) = b_0 + b_1 x_1 + b_2 x_2 + \cdots + b_q x_q$$

という1次式を当てはめることを考えます．

　求めたいのは b_0, b_1, b_2, $\cdots$, b_q の具体的な値です．この値を**回帰係数**といい，**最尤法**という方法で求めます．

　Excel では**ソルバー機能**によって，説明変数の回帰係数と目的変数が1になる確率と最大化した**−2対数尤度**が出力されます．詳細は「付録3」(205頁) を参照してください．

　また，目的変数が二つの値をとることから，**二項ロジスティック回帰**といいます．

※質的データの数値への置き換えは Excel の並び変えの順序に従います．

■回帰式の検定

　回帰式の検定は次の表のようになります．L_1 は最大化した−2対数尤度，L_0 は説明変数を含まない定数だけのモデルにおける対数尤度です．

回帰式の検定

モデル	−1対数尤度	自由度	χ^2 値	P 値	$\chi^2(0.05)$	$\chi^2(0.01)$
完全	$L_1/2$	q	$-L_1 - 2L_0$	P	$\chi_q^2(0.05)$	$\chi_q^2(0.01)$
定数項	$-L_0$					

　境界値による判定では χ^2 値 $\geq \chi_q^2(1-\alpha)$ のとき，p 値による判定では $p \leq \alpha$ のとき，危険率 α で回帰式は有意であり，回帰式は予測に役立っていると判定されます．(q は説明変数の個数)

■回帰係数の有意性の検定と区間推定

　回帰式を次の確率

$$p = \frac{1}{1 + \exp(-(b_0 + b_1 x_1 + b_2 x_2 + \cdots + b_q x_q))}$$

とし，回帰式に説明変数がどの程度寄与しているかは，回帰係数 b_0, b_1, b_2, $\cdots$, b_q を **Walt 検定**で判断します．

　Mulcel3 では回帰係数の有意性と信頼区間が表の形式で表示されます．説明変数や定数項について，予測に役立っているかどうか判断できます．また，**オッズ比**とオッズ比の信頼区間も表示されます．p 値による判定で $p \leq \alpha$ のとき，危険率 α で有意であり予測に役立っていると判定されます．また回帰係数の信頼区間に 0 (ゼロ) が含まれないとき，有意であるとみることができます．

また，オッズ比の信頼区間に 1 が含まれないとき，有意であるとみることができます．

■誤判別率

　質的データの目的変数を数値に置き換えると,「0」か「1」になります．ロジスティック回帰分析の推定値が 0.5 以上のときは「1」のグループに属し，推定値が 0.5 より小さいときは「0」のグループに属すると考えます．

　目的変数の値が「0」のとき，推定値が「0.5」以上となっている場合と，目的変数の値が「1」のとき，推定値が「0.5」より小さい場合は，「誤判別」ですので，推定値の横に「＊」を付けました．この個数を合計して，全体の個数で割った値が誤判別率です．

■ロジスティック回帰分析で分析できるデータフォーム

列挙データフォーム

第 1 列を目的変数とします．

目的変数名	説明変数名 1	説明変数名 2	.....	説明変数名 q
y_1	x_{11}	x_{21}	.....	x_{q1}
.	.	.		.
.	.	.		.
y_n	x_{1n}	x_{2n}	.....	x_{qn}

目的変数は質的データ，説明変数は量的データでも質的データでもよい．

※「ソルバー」を使いますので，ソルバーをアドイン登録しておいてください．
「ファイル」から「オプション」→「アドイン」で「アクティブなアプリケーションアドイン」に「ソルバーアドイン」があることを確認してください．ない場合は一番下の「Excel アドイン」の設定をクリックして，表示される「アドイン」のダイアログボックスから「ソルバーアドイン」をクリックして「OK」ボタンを押します．

例題 ■ **23** ■ ロジスティック回帰分析による判別

　肝機能障害の有無を性別，γ-GTP，飲酒量によって判別できるか，回帰式を導きたい．ロジスティック回帰分析を適用しなさい．この回帰式が予測に役立つかどうか検定しなさい．また推定値によって誤班別率を求めなさい．

❖ 準備するデータ

列挙データフォーム

肝機能障害	性別	γ-GTP	飲酒量
なし	女	10	飲まない
なし	女	7	時々飲む
あり	男	40	よく飲む
なし	女	11	飲まない
あり	男	52	毎日飲む
なし	男	35	よく飲む

— 181 —

あり	男	61	毎日飲む
なし	女	12	飲まない
なし	女	13	時々飲む
あり	男	57	よく飲む
あり	男	63	毎日飲む
あり	女	35	毎日飲む
あり	女	21	飲まない
あり	女	30	飲まない
あり	男	42	毎日飲む
あり	男	47	時々飲む
なし	女	10	時々飲む
あり	男	55	毎日飲む
あり	女	9	よく飲む
なし	男	38	飲まない
なし	女	28	時々飲む
なし	女	15	時々飲む
なし	女	9	飲まない
なし	男	38	時々飲む

❖ データの解析手順

列挙データフォームのデータを Mulcel で解析する手順を解説します．

1) 列挙データフォームのデータを準備します．
2) アドインリボンの「多変量解析」から「ロジスティック回帰分析」を選択すると，サブメニューが現れます．ここから「ソルバーへの数式設定と実行」を選択します．

3）「範囲・データフォーム」のダイアログボックスが現れます．
必要な設定の後，「OK」ボタンを押します．（範囲指定の詳細は 18 頁）

4）「ソルバーの設定と実行」のダイアログボックスが現れます．「OK」ボタンを押します．

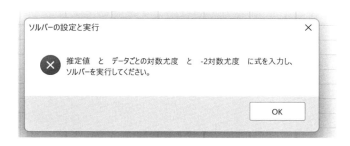

5）「Sheet1」の前に「Sheet2」が挿入され，F 列に「推定値」，G 列に「データごとの対数尤度」，セル「I1」に「−2 対数尤度」を求める式を入力します．「肝機能障害」の「あり」，「なし」や「性別」，「飲酒量」が数値になっています．
スクロールして置き換わった数値を確認することができます．Excel の並べ替えの順序に従ってます．

6) セル「F4」に「= 1 ／ (1 ＋ exp(− sumproduct (b1：e1 ,b4：e4))）」と入力して，数式バーの「入力」ボタン「✓」をクリックします．

数式バーには入力した数式が大文字で表示され，セル「F4」には「0.5」という数値が表示されます．セル「B1」から「E1」は回帰係数が入るセルで，各データに掛かるので絶対参照されます．

セル「F4」の右下のフィルハンドルにマウスポインタを合わせ,セル「F27」までドラッグします.

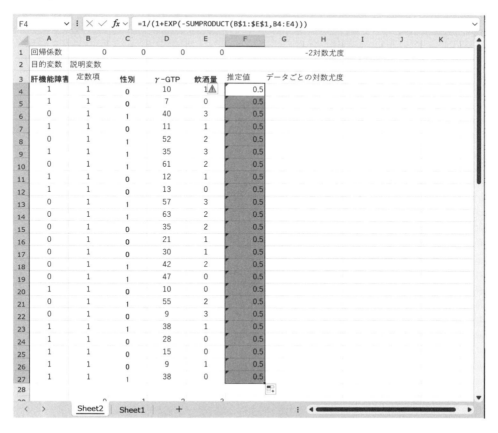

推定値が入力される準備が整いました.

7) セル「G4」に「= a4 * ln(f4) + (1 − a4) * ln(1 − f4) 」と入力して，数式バーの「入力」ボタン「✓」をクリックします．

数式バーには入力した数式が大文字で表示され，セル「G4」には「-0.69315」という数値が表示されます．

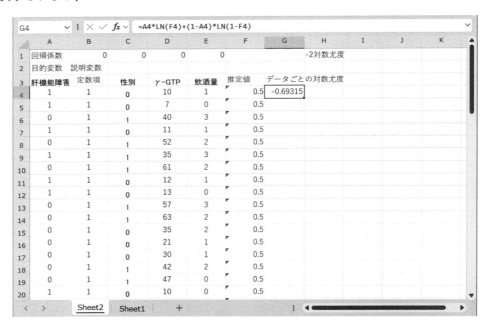

― 186 ―

セル「G4」の右下のフィルハンドルにマウスポインタを合わせ，セル「G27」までドラッグします．

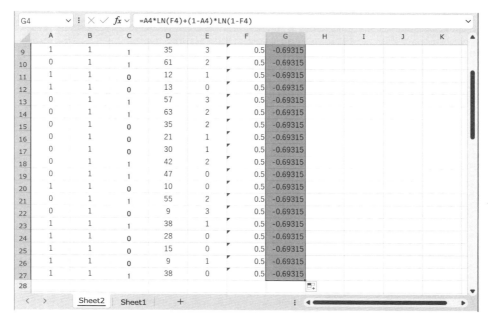

8）セル「I1」に−2対数尤度を求めるため数式「=−2*sum (」と入力し，セル「G4」からセル「G27」までを選択します．数式バーに右）を入力して数式バーの「入力」ボタン「✓」をクリックします．

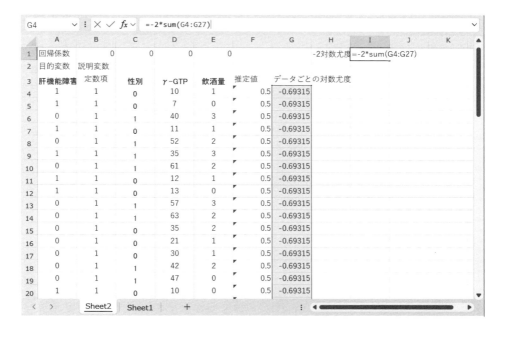

数式バーには入力した数式が大文字で表示され，セル「I1」には「33.27106」という数値が表示されます．

9) セル「I1」を選択した状態で，メニューバーの「データ」からリボンの「ソルバー」を選択します．

「ソルバーのパラメーター」のダイアログボックスが表示されます．

「目的セルの設定」は－2 対数尤度のセル「\$I\$1」を選択します．「目標値」を最小値とし，「変数セルの変更」ボックスには回帰変数の初期値 0 を入力したセル「\$B\$1：\$E\$1」を範囲選択します．「制約のない変数を非負にする」にチェックが入っている場合はチェックをはずします．「解決方法の選択」では「GRG 非線形」を選択します．最後に「解決」をクリックします．

「ソルバーの結果」のダイアログボックスが表示されます．

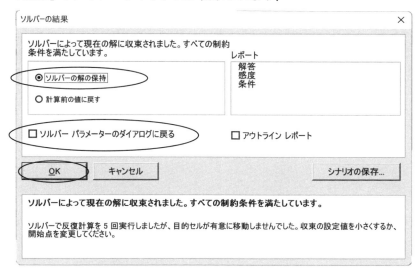

「ソルバーによって現在の解に収束されました．すべての制約条件を満たしています．」と表示されています．「ソルバーの結果」では「ソルバーの解の保持」が選択されていて，「ソルバーパラメーターのダイアログに戻る」のチェックが外れていることを確認して「OK」をクリックします．

これによって，説明変数の回帰係数と目的変数が1になる確率とデータごとの対数尤度，最大化した−2対数対数が出力されます．

	A	B	C	D	E	F	G	H	I	J	K
1	回帰係数	8.957284	8.263207	-0.35431	-1.93052			-2対数尤度	10.90773		
2	目的変数	説明変数									
3	肝機能障害	定数項	性別	γ-GTP	飲酒量	推定値	データごとの対数尤度				
4	1	1	0	10	1	0.97022	-0.03023				
5	1	1	0	7	0	0.998464	-0.00154				
6	0	1	1	40	3	0.06046	-0.06236				
7	1	1	0	11	1	0.958088	-0.04282				
8	0	1	1	52	2	0.006277	-0.0063				
9	1	1	1	35	3	0.274509	-1.29277				
10	0	1	1	61	2	0.00026	-0.00026				
11	1	1	0	12	1	0.941313	-0.06048				
12	1	1	0	13	0	0.987274	-0.01281				
13	0	1	0	57	3	0.000156	-0.00016				
14	0	1	1	63	2	0.000128	-0.00013				
15	0	1	0	35	2	0.000672	-0.00067				
16	0	1	0	21	1	0.398022	-0.50754				
17	0	1	0	30	1	0.026533	-0.02689				
18	0	1	1	42	2	0.179241	-0.19753				
19	0	1	1	47	0	0.638303	-1.01695				
20	1	1	0	10	0	0.995567	-0.00444				

10) 回帰係数が求まったシートを表示した画面で，アドインリボンの「多変量解析」から「ロジスティック回帰分析」を選択し，サブメニューの「回帰式の分析」を選択します．

「確認」のダイアログボックスが表示されます．

「はい」をクリックすると，計算結果が表示されます．「いいえ」をクリックすると処理を終了し，結果は表示されません．

11) 計算結果の表示．画面の最上行の最左端に出力範囲の先頭セルがくるようにスクロールします．

	A	B	C	D	E	F	G	H	I	J
50	二項ロジスティック回帰分析									
51										
52	データ数			24						
53	-2対数尤度			10.90773						
54	寄与率 R2			0.672156						
55	赤池情報量基準 AIC			18.90773						
56	ベイズ情報量基準 BIC			23.61995						
57										
58										
59	回帰式の検定									
60										
61		モデル	-1対数尤度	自由度	χ2値	P値	χ2(0.05)	χ2(0.01)		
62	完全	5.453866	3	22.36333	5.48E-05	7.814728	11.34487			
63	定数項	16.63553								
64										
65										
66	回帰係数の有意性の検定と信頼区間									
67						回帰係数の信頼区間			オッズ比の信頼区間	
68		回帰係数	標準誤差	Wald	P値	0.95%下限	0.95%上限	オッズ比	0.95%下限	0.95%上限
69	定数項	8.957638	4.165026	4.625424	0.031501	0.794337	17.12094	7766.993	2.212972	27260250
70	性別	8.263699	4.507028	3.361774	0.066726	-0.56991	17.09731	3880.423	0.565575	26623669
71	γ-GTP	-0.35432	0.17325	4.182714	0.040838	-0.69389	-0.01476	0.701647	0.49963	0.985347
72	飲酒量	-1.93059	0.958106	4.060254	0.043904	-3.80844	-0.05274	0.145063	0.022183	0.948629
73										
74										
75	No.	肝機能障害	定数項	性別	γ-GTP	飲酒量	推定値			
76	1	1	1	0	10	1	0.970223			
77	2	1	1	0	7	0	0.998465			
78	3	0	1	1	40	3	0.06046			
79	4	1	1	0	11	1	0.958093			
80	5	0	1	1	52	2	0.006276			
81	6	1	1	1	35	3	0.274525	*		
82	7	0	1	1	61	2	0.00026			
83	8	1	1	0	12	1	0.941318			
84	9	1	1	0	13	0	0.987276			
85	10	0	1	0	57	3	0.000156			
86	11	0	1	1	63	2	0.000128			
87	12	0	1	0	35	2	0.000672			
88	13	0	1	0	21	1	0.39801			
89	14	0	1	0	30	1	0.026528			
90	15	0	1	1	42	2	0.179245			
91	16	0	1	1	47	0	0.638322	*		
92	17	1	1	0	10	0	0.995568			
93	18	0	1	1	55	2	0.002177			
94	19	0	1	0	9	3	0.494238			
95	20	1	1	1	38	1	0.861335			
96	21	1	1	0	28	0	0.276189	*		
97	22	1	1	0	15	0	0.974488			
98	23	1	1	0	9	1	0.97892			
99	24	1	1	1	38	0	0.977179			
100										
101		0	1	2	3					
102	機能障害	あり	なし							
103	性別	女	男							
104	飲酒量	時々飲む	飲まない	毎日飲む	よく飲む					
105										
106										
107	誤判別数	3								
108	誤判別率	0.125								

❖ 解析結果の分析

二項ロジスティック回帰分析

データ数	24
-2 対数尤度	10.90773
寄与率 R2	0.672156
赤池情報量基準 AIC	18.90773
ベイズ情報量基準 BIC	23.61995

回帰式の検定

モデル	-1 対数尤度	自由度	X^2 値	P 値	$X^2(0.05)$	$X^2(0.01)$
完 全	5.453866	3	22.36333	5.48E-05	7.814728	11.34487
定数項	16.63553					

回帰係数の有意性の検定と信頼区間

	回帰係数	標準誤差	Wald	P 値	回帰係数の信頼区間 0.95%下限	0.95%上限	オッズ比	オッズ比の信頼区間 0.95%下限	0.95%上限
定数項	8.957638	4.165026	4.625424	0.031501	0.794337	17.12094	7766.993	2.212972	27260250
性 別	8.263699	4.507028	3.361774	0.066726	-0.56991	17.09731	3880.423	0.565575	26623669
γ-GTP	-0.35432	0.17325	4.182714	0.040838	-0.63389	-0.014769	0.701647	0.49963	0.985347
飲酒量	-1.93059	0.958106	4.060254	0.043904	-3.80844	-0.05274	0.145063	0.022183	0.948629

No.	肝機能障害	定数項	性別	γ-GTP	飲酒量	推定値
1	1	1	0	10	1	0.970223
2	1	1	0	7	0	0.998465
3	0	1	1	40	3	0.06046
4	1	1	0	11	1	0.9580893
5	0	1	1	52	2	0.006276
6	1	1	1	35	3	0.274525*
7	0	1	1	61	2	0.00026
8	1	1	0	12	1	0.941318
9	1	1	0	13	0	0.987276
10	0	1	1	57	3	0.000156
11	0	1	1	63	2	0.000128
12	0	1	0	35	2	0.000672
13	0	1	0	21	1	0.39801
14	0	1	0	30	1	0.026528
15	0	1	1	42	2	0.179245
16	0	1	1	47	0	0.638322*
17	1	1	0	10	0	0.995568
18	0	1	1	55	2	0.002177
19	0	1	0	9	3	0.494238
20	1	1	1	38	1	0.861335
21	1	1	0	28	0	0.276189*
22	1	1	0	15	0	0.974488
23	1	1	0	9	1	0.97892
24	1	1	1	38	0	0.977179

	0	1	2	3
肝機能障害	あり	なし		
性 別	女	男		
飲酒量	時々飲む	飲まない	毎日飲む	よく飲む

誤判別数	3
誤判別率	0.125

例題23の回帰式は次のようになります．
$$p = 1 / (1+ \exp (- (8.957638 + 8.263699 * 性別 \\ -0.35432 * \gamma\text{-GTP} -1.933059 * 飲酒量)))$$
ただし，
　　　　肝機能障害　　　あり：0　　　なし：1
　　　　性別　　　　　　女：0　　　男：1
　　　　飲酒量　　　　　時々飲む：0　　飲まない：1　　毎日飲む：2　　よく飲む：3

この式を使って，肝機能障害になる確率 p を予測することが可能になります．この値が0.5 (50%) を超えているかどうかで，肝機能障害になるか，ならないかを判断します．

※目的変数の「0」と「1」の設定により，判断が逆転しますので，あらかじめユーザーが「0」と「1」を設定したデータからロジスティック回帰分析を始めることができます．

回帰式の検定で χ^2 値は22.36333で，危険率5％の境界値は7.814728，危険率1％の境界値は11.34487ですから，危険率1％で回帰式は予測に役立つと判定されます．また p 値は5.48E-05ですから，この p 値の示す危険率で有意と判定されます．

回帰係数については，定数項，γ-GTP，飲酒量の p 値が0.05より小さいので，「危険率5％で回帰式の予測に必要な回帰係数である」ということになります．回帰係数の信頼区間に0（ゼロ）が含まれていないことからも有意性が判定できます．オッズ比の信頼区間に1が含まれていないことからも有意性が判定できます．
　No.6，No.16，No.21の推定値の横に「＊」が付いています．これは誤判別の印です．
　誤判別数と誤判別率が表示されます．誤判別数＝3で，誤判別率＝3/24＝0.125となります．

付　　　録

多変量解析を理解するための数学の2テーマ

第1テーマ　　偏微分の応用：ラグランジュの定理

1. 偏　微　分

定義1　　偏導関数　$\dfrac{\partial z}{\partial x}$, $\dfrac{\partial z}{\partial y}$

2変数関数 $z = f(x, y)$ について，y を定数とみなして x について微分ができるとき，x について偏微分可能といいます．微分した式を $\dfrac{\partial z}{\partial x}$ あるいは $f_x(x, y)$ と書き，偏導関数といいます．同様に $z = f(x, y)$ において x を定数とみなして y について微分した式を $\dfrac{\partial z}{\partial y}$ あるいは $f_y(x, y)$ と書きます．

【例1】

(1)　$z = f(x, y) = 2x + 3y$　　$\begin{cases} \dfrac{\partial z}{\partial x} = f_x(x, y) = 2 \\ \dfrac{\partial z}{\partial y} = f_y(x, y) = 3 \end{cases}$

(2)　$z = f(x, y) = x^2 + xy + y^2$　　$\begin{cases} \dfrac{\partial z}{\partial x} = f_x(x, y) = 2x + y \\ \dfrac{\partial z}{\partial y} = f_y(x, y) = x + 2y \end{cases}$

(参考)　$\dfrac{d}{dx}(x^n) = nx^{n-1}$,　$\dfrac{d}{dx}(c) = 0$,　$\dfrac{\partial}{\partial y}(xy^m) = mxy^{m-1}$

2. ラグランジュの定理

ラグランジュの定理は条件付き極値を求める定理で，多変量解析において重要な役割をします．

定理1 ラグランジュの定理

$f(x, y)$ が条件 $g(x, y) = 0$ のもとで点 (a, b) において極値（極大値，極小値）をとるとき，次の式を満たす定数 λ が存在する．
$$\begin{cases} g(a, b) = 0 \\ f_x(a, b) - \lambda g_x(a, b) = 0 \\ f_y(a, b) - \lambda g_y(a, b) = 0 \end{cases}$$

注1：この定理の逆は成立しません．
注2：$f(x_1, x_2, \cdots, x_n)$ のように変数が多いときにも同様の結果が成立します．

次の定理が成り立ちます．

定理2

$z = f(x, y)$ が有界閉集合 D 上で連続ならば，D 上の点で最大値と最小値をとる．

【例2】 $x^2 + y^2 = 1$ のもとで，$f(x, y) = x + y$ の極値を求める．

(解) 定理2より，$g(x, y) = x^2 + y^2 - 1 = 0$ は有界(閉)集合であるから，$f(x, y) = x + y$ は $x^2 + y^2 = 1$ 上で最大値と最小値を必ずとる．

定理2により定理1の極大値，極小値は最大値，最小値となる．最大値または最小値をとる点 (a, b) において

$$\begin{cases} a^2 + b^2 = 1 & \cdots ① \\ f_x(a, b) - \lambda g_x(a, b) = 1 - 2\lambda a = 0 & \cdots ② \\ f_y(a, b) - \lambda g_y(a, b) = 1 - 2\lambda b = 0 & \cdots ③ \end{cases}$$

を満たす λ がある．

②③より $\quad a = \dfrac{1}{2\lambda}, \; b = \dfrac{1}{2\lambda} \quad \cdots ④$

①に代入して $\quad \dfrac{1}{4\lambda^2} + \dfrac{1}{4\lambda^2} = 1 \quad 4\lambda^2 = 2$

$$\therefore \lambda^2 = \frac{1}{2} \quad \therefore \lambda = \pm \frac{1}{\sqrt{2}}$$

(i) $\lambda = \dfrac{1}{\sqrt{2}}$ のとき，λ を④に代入して

$$a = \frac{1}{\sqrt{2}}, \; b = \frac{1}{\sqrt{2}} \quad \therefore f\left(\frac{1}{\sqrt{2}}, \frac{1}{\sqrt{2}}\right) = \frac{1}{\sqrt{2}} + \frac{1}{\sqrt{2}} = \frac{2}{\sqrt{2}} = \sqrt{2}$$

(ii) $\lambda = -\dfrac{1}{\sqrt{2}}$ のとき，λ を④に代入して

$$a = -\frac{1}{\sqrt{2}}, \; b = -\frac{1}{\sqrt{2}} \quad \therefore f\left(\frac{-1}{\sqrt{2}}, \frac{-1}{\sqrt{2}}\right) = -\frac{1}{\sqrt{2}} - \frac{1}{\sqrt{2}} = -\frac{2}{\sqrt{2}} = -\sqrt{2}$$

ゆえに, $x+y$ は $x^2+y^2=1$ において最大値 $\sqrt{2}$, 最小値 $-\sqrt{2}$ をとる. □

(解説) 幾何学的にこの例は, 半径 1 の円柱と平面 $z=x+y$ の共通部分である楕円上の点の z 座標の中で最大値と最小値を求める問題です.

第 2 テーマ　行列の応用：行列の対角化（固有値, 固有ベクトル）

1. 行列と行列式

定義 2　行列の和と積

$\begin{bmatrix} a & b \\ c & d \end{bmatrix}$ の a,b,c,d に数を入れたものを 2×2 行列または 2 次正方行列といい, A などで表します.

2×2 行列 $A=\begin{bmatrix} a_1 & a_2 \\ a_3 & a_4 \end{bmatrix}$, $B=\begin{bmatrix} b_1 & b_2 \\ b_3 & b_4 \end{bmatrix}$ について $A+B$, kA, AB を次のように定義します.

(1) $A+B=\begin{bmatrix} a_1 & a_2 \\ a_3 & a_4 \end{bmatrix}+\begin{bmatrix} b_1 & b_2 \\ b_3 & b_4 \end{bmatrix}=\begin{bmatrix} a_1+b_1 & a_2+b_2 \\ a_3+b_3 & a_4+b_4 \end{bmatrix}$

(2) $kA=k\begin{bmatrix} a_1 & a_2 \\ a_3 & a_4 \end{bmatrix}=\begin{bmatrix} ka_1 & ka_2 \\ ka_3 & ka_4 \end{bmatrix}$

(3) $AB=\begin{bmatrix} a_1 & a_2 \\ a_3 & a_4 \end{bmatrix}\begin{bmatrix} b_1 & b_2 \\ b_3 & b_4 \end{bmatrix}=\begin{bmatrix} a_1b_1+a_2b_3 & a_1b_2+a_2b_4 \\ a_3b_1+a_4b_3 & a_3b_2+a_4b_4 \end{bmatrix}$

3×3 行列 A, B について同様に

(1') $A+B=\begin{bmatrix} a_{11} & a_{12} & a_{13} \\ a_{21} & a_{22} & a_{23} \\ a_{31} & a_{32} & a_{33} \end{bmatrix}+\begin{bmatrix} b_{11} & b_{12} & b_{13} \\ b_{21} & b_{22} & b_{23} \\ b_{31} & b_{32} & b_{33} \end{bmatrix}=\begin{bmatrix} a_{11}+b_{11} & a_{12}+b_{12} & a_{13}+b_{13} \\ a_{21}+b_{21} & a_{22}+b_{22} & a_{23}+b_{23} \\ a_{31}+b_{31} & a_{32}+b_{32} & a_{33}+b_{33} \end{bmatrix}$

(2') $kA=\begin{bmatrix} ka_{11} & ka_{12} & ka_{13} \\ ka_{21} & ka_{22} & ka_{23} \\ ka_{31} & ka_{32} & ka_{33} \end{bmatrix}$

(3') $AB=\begin{bmatrix} a_{11}b_{11}+a_{12}b_{21}+a_{13}b_{31} & a_{11}b_{12}+a_{12}b_{22}+a_{13}b_{32} & a_{11}b_{13}+a_{12}b_{23}+a_{13}b_{33} \\ a_{21}b_{11}+a_{22}b_{21}+a_{23}b_{31} & a_{21}b_{12}+a_{22}b_{22}+a_{23}b_{32} & a_{21}b_{13}+a_{22}b_{23}+a_{23}b_{33} \\ a_{31}b_{11}+a_{32}b_{21}+a_{33}b_{31} & a_{31}b_{12}+a_{32}b_{22}+a_{33}b_{32} & a_{31}b_{13}+a_{32}b_{23}+a_{33}b_{33} \end{bmatrix}$

【例 3】

(1) $\begin{bmatrix} 1 & 2 \\ 3 & 4 \end{bmatrix}\begin{bmatrix} 1 & 3 \\ 1 & 2 \end{bmatrix}=\begin{bmatrix} 3 & 7 \\ 7 & 17 \end{bmatrix}$　　(2) $\begin{bmatrix} 1 & 2 & 3 \\ 4 & 5 & 6 \\ 7 & 8 & 9 \end{bmatrix}\begin{bmatrix} x \\ y \\ z \end{bmatrix}=\begin{bmatrix} x+2y+3z \\ 4x+5y+6z \\ 7x+8y+9z \end{bmatrix}$

定義 3 行列式の値

$$A_1 = \begin{pmatrix} a_1 & a_2 \\ a_3 & a_4 \end{pmatrix}, \quad A_2 = \begin{pmatrix} a_{11} & a_{12} & a_{13} \\ a_{21} & a_{22} & a_{23} \\ a_{31} & a_{32} & a_{33} \end{pmatrix} \text{について}$$

行列式 $|A_1|$, $|A_2|$ の値を次のように定義します．

$$|A_1| = \begin{vmatrix} a_1 & a_2 \\ a_3 & a_4 \end{vmatrix} = a_1 a_4 - a_2 a_3$$

$$|A_2| = \begin{vmatrix} a_{11} & a_{12} & a_{13} \\ a_{21} & a_{22} & a_{23} \\ a_{31} & a_{32} & a_{33} \end{vmatrix} = a_{11}a_{22}a_{33} + a_{12}a_{23}a_{31} + a_{13}a_{21}a_{32} - a_{11}a_{23}a_{32} - a_{12}a_{21}a_{33} - a_{13}a_{22}a_{31}$$

一般に $n \times n$ 行列 A の行列式 $|A|$ の値を各行各列から成分を 1 つずつ重複しないように n 個選んだ積に ± のどちらかの符号をつけた $n!$ 個の数の和として定義します．符号のつけ方は $(1, 2, 3, \cdots, n)$ 行よりえらんだ列を $P = (p_1, p_2, \cdots, p_n)$ とするとき，P の 2 つの数を互いに入れかえて偶数回で $(1, 2, \cdots, n)$ にできるとき $+1$，奇数回で $(1, 2, \cdots, n)$ にできるとき -1 と決めます．

【例 4】

(1) $\begin{vmatrix} 2 & 1 \\ 4 & 3 \end{vmatrix} = 6 - 4 = 2$ 　　(2) $\begin{vmatrix} 2 & 1 & 3 \\ 1 & 2 & 1 \\ 1 & 4 & 1 \end{vmatrix} = 4 + 12 + 1 - 6 - 1 - 8 = 2$

定義 4 単位行列，逆行列

任意の行列 A について，$AE = EA = A$ である行列 E を**単位行列**といいます．

$$\begin{pmatrix} 1 & 0 \\ 0 & 1 \end{pmatrix} \quad \begin{pmatrix} 1 & 0 & 0 \\ 0 & 1 & 0 \\ 0 & 0 & 1 \end{pmatrix}$$

は 2 次と 3 次の単位行列です．

正方行列 A について，$AB = BA = E$ が成り立つとき B を A の**逆行列**といい A^{-1} で表します．行列式 $|A| \neq 0$ のとき A^{-1} が存在することが知られています．

$A = \begin{pmatrix} a & b \\ c & d \end{pmatrix}$ の逆行列は $\quad A^{-1} = \dfrac{1}{|A|} \begin{pmatrix} d & -b \\ -c & a \end{pmatrix}$

2. 固有値と固有ベクトル

多変量解析において固有値と固有ベクトルは重要な道具です．

定義 5 固有値，固有ベクトル

$A = \begin{pmatrix} a & b \\ c & d \end{pmatrix} \quad \boldsymbol{x} = \begin{pmatrix} x \\ y \end{pmatrix}$ について

$$A\boldsymbol{x} = \lambda \boldsymbol{x}\ (\boldsymbol{x} \neq 0) \quad \cdots ①$$

を満たすλをAの**固有値**といい，$\boldsymbol{x}$をλに対する**固有ベクトル**といいます．

①を書き直すと次のように連立方程式であることがわかります．

$$\begin{bmatrix} a & b \\ c & d \end{bmatrix} \begin{bmatrix} x \\ y \end{bmatrix} - \lambda \begin{bmatrix} x \\ y \end{bmatrix} = \begin{bmatrix} 0 \\ 0 \end{bmatrix}$$

$$\begin{bmatrix} ax+by \\ cx+dy \end{bmatrix} - \begin{bmatrix} \lambda x \\ \lambda y \end{bmatrix} = \begin{bmatrix} 0 \\ 0 \end{bmatrix}$$

$$\begin{bmatrix} (a-\lambda)x + by \\ cx + (d-\lambda)y \end{bmatrix} = \begin{bmatrix} 0 \\ 0 \end{bmatrix}$$

$$\begin{cases} (a-\lambda)x + by = 0 \\ cx + (d-\lambda)y = 0 \end{cases} \quad \cdots ②$$

ところで，連立方程式②の解について次の定理が成立します．

定理3

$\begin{cases} ax + by = 0 \\ cx + dy = 0 \end{cases}$ が，$x = y = 0$以外の解をもつための条件は $\begin{vmatrix} a & b \\ c & d \end{vmatrix} = 0$ である．

（一般にn次で成立）

定理3より②が$x = y = 0$以外の解をもつためのλは

$$\begin{vmatrix} a-\lambda & b \\ c & d-\lambda \end{vmatrix} = 0$$

を満たします．

$$(a-\lambda)(d-\lambda) - bc = 0$$
$$\lambda^2 - (a+d)\lambda + ad - bc = 0$$

解 $\lambda = \lambda_1, \lambda_2$が$A$の固有値です．

それぞれ②に代入して得られる解 $\begin{bmatrix} x \\ y \end{bmatrix} = \begin{bmatrix} l_1 \\ l_2 \end{bmatrix}, \begin{bmatrix} x \\ y \end{bmatrix} = \begin{bmatrix} m_1 \\ m_2 \end{bmatrix}$ をλ_1, λ_2に対する固有ベクトルです．

式①を満たす固有値および固有ベクトルを求めるのが**固有値問題**です．

【例5】

$A = \begin{bmatrix} 3 & -2 \\ -2 & 6 \end{bmatrix}$ の固有値と固有ベクトルを求める．

（解）$\begin{vmatrix} 3-\lambda & -2 \\ -2 & 6-\lambda \end{vmatrix} = (3-\lambda)(6-\lambda) - 4 = \lambda^2 - 9\lambda + 14 = (\lambda-7)(\lambda-2) = 0$

∴ Aの固有値は 7, 2

(i) $\lambda_1 = 7$ に対する固有ベクトルを求める．

$\begin{cases} (3-7)x - 2y = 0 \\ -2x + (6-7)y = 0 \end{cases}$ ∴ $\begin{cases} -4x - 2y = 0 \\ -2x - y = 0 \end{cases}$ ∴ $y = -2x$

$x = c_1$ とおくと，$y = -2c_1$ より固有ベクトルは $\begin{bmatrix} x \\ y \end{bmatrix} = \begin{bmatrix} c_1 \\ -2c_1 \end{bmatrix}$

(ii) $\lambda_2 = 2$ に対する固有ベクトルを求める．
$$\begin{cases} (3-2)x - 2y = 0 \\ -2x + (6-2)y = 0 \end{cases} \therefore \begin{cases} x - 2y = 0 \\ -2x + 4y = 0 \end{cases} \therefore y = 2x$$

$x = c_2$ とおくと，$y = 2c_2$ より固有ベクトルは $\begin{bmatrix} x \\ y \end{bmatrix} = \begin{bmatrix} 2c_2 \\ c_2 \end{bmatrix}$

定義6 転置行列 ^tA

A のすべての行と列を入れかえて得られる行列を A の**転置行列**といい ^tA と書きます．

【例6】

(1) $A = \begin{bmatrix} 3 & 2 \\ 1 & 5 \end{bmatrix}$ について $^tA = \begin{bmatrix} 3 & 1 \\ 2 & 5 \end{bmatrix}$

(2) $B = \begin{bmatrix} 1 & 2 & 3 \\ 4 & 5 & 6 \\ 7 & 8 & 9 \end{bmatrix}$ について $^tB = \begin{bmatrix} 1 & 4 & 7 \\ 2 & 5 & 8 \\ 3 & 6 & 9 \end{bmatrix}$

注：A, B の対角線成分（3 5）と（1 5 9）はそれぞれ ^tA，^tB にかえても不変です．

定義7 対称行列

行列 $\begin{bmatrix} a & c \\ c & b \end{bmatrix}$, $\begin{bmatrix} l & a & b \\ a & m & c \\ b & c & n \end{bmatrix}$ のように対角線 $\overline{ab}$, $\overline{ln}$ について，対称の位置にある成分が等しい行列を**対称行列**といいます．A が対称行列ならば $^tA = A$ は対称行列です．

【例7】

$\begin{bmatrix} 1 & 3 \\ 3 & 2 \end{bmatrix}$, $\begin{bmatrix} 5 & 1 & 2 \\ 1 & 6 & 3 \\ 2 & 3 & 7 \end{bmatrix}$ は対称行列です．

成分がすべて実数の（実）対称行列とその固有値，固有ベクトルの間に次の関係があります．

定理4
（実）対称行列 A の固有値はすべて実数である．

定理5
（実）対称行列 A の異なる固有値に対する固有ベクトルは互いに直交する．

【例8】

「例5」$A = \begin{bmatrix} 3 & -2 \\ -2 & 6 \end{bmatrix}$ について，定理4, 5を確かめる．

(解) A は（実）対称行列である．

A の固有値 7, 2 に対する固有ベクトルはそれぞれ $\begin{bmatrix} c_1 \\ -2c_1 \end{bmatrix}$, $\begin{bmatrix} 2c_2 \\ c_2 \end{bmatrix}$ であるから, 2 つのベクトルの内積は

$$\begin{bmatrix} c_1 \\ -2c_1 \end{bmatrix} \cdot \begin{bmatrix} 2c_2 \\ c_2 \end{bmatrix} = 2c_1 c_2 - 2c_1 c_2 = 0$$

より 2 つのベクトルは直交する. したがって定理 4, 5 が確かめられた. □

3. 実対称行列の対角化

定義 8 直交行列

$${}^t PP = E = \begin{pmatrix} 1 & & 0 \\ & \ddots & \\ 0 & & 1 \end{pmatrix}$$ である行列 P を**直交行列**といいます.

次の行列は直交行列である.

【例 9】

(1) $\begin{bmatrix} \cos x & -\sin x \\ \sin x & \cos x \end{bmatrix}$ (2) $\begin{bmatrix} \dfrac{1}{2} & -\dfrac{\sqrt{3}}{2} \\ \dfrac{\sqrt{3}}{2} & \dfrac{1}{2} \end{bmatrix}$ (3) $\begin{bmatrix} \dfrac{1}{\sqrt{3}} & 0 & \dfrac{2}{\sqrt{6}} \\ \dfrac{-1}{\sqrt{3}} & \dfrac{1}{\sqrt{2}} & \dfrac{1}{\sqrt{6}} \\ \dfrac{-1}{\sqrt{3}} & \dfrac{-1}{\sqrt{2}} & \dfrac{1}{\sqrt{6}} \end{bmatrix}$

「例 9」は次の定理より直交行列であることが確かめられます.

定理 6

$P = (\boldsymbol{x}_1\ \boldsymbol{x}_2)$ が直交行列であるための条件は次の (1), (2) が成立することである.

　(1) $\boldsymbol{x}_1$, $\boldsymbol{x}_2$ の長さが 1

　(2) $\boldsymbol{x}_1$ と $\boldsymbol{x}_2$ が直交する.

(一般に n 次で成立)

$\boldsymbol{x}_1 = \begin{bmatrix} a_1 \\ a_2 \end{bmatrix}$, $\boldsymbol{x}_2 = \begin{bmatrix} b_1 \\ b_2 \end{bmatrix}$ とすると

(1) は $\boldsymbol{x}_1$ の**長さ** $|\boldsymbol{x}_1| = \sqrt{a_1^2 + a_2^2} = 1$, $|\boldsymbol{x}_2| = \sqrt{b_1^2 + b_2^2} = 1$ という意味です.

(2) は $\boldsymbol{x}_1$ と $\boldsymbol{x}_2$ の内積 $\boldsymbol{x}_1 \cdot \boldsymbol{x}_2 = \begin{bmatrix} a_1 \\ a_2 \end{bmatrix} \cdot \begin{bmatrix} b_1 \\ b_2 \end{bmatrix} = a_1 b_1 + a_2 b_2 = 0$ となることです.

定理 7

(実) 対称行列 A は直交行列 P と適当な λ_1, λ_2 を用いて ${}^t PAP = \begin{bmatrix} \lambda_1 & 0 \\ 0 & \lambda_2 \end{bmatrix}$ と表すことができる.

(一般に n 次で成立)

$\lambda_1 \neq \lambda_2$ のとき，A の固有値 λ_1, λ_2 を求めて，それぞれの固有ベクトルを $\begin{bmatrix} a_1 \\ a_2 \end{bmatrix}, \begin{bmatrix} b_1 \\ b_2 \end{bmatrix}$ として，$P = \begin{bmatrix} a_1 & b_1 \\ a_2 & b_2 \end{bmatrix}$ とおきます．

直交行列の性質 ${}^tP = P^{-1}$ と定義 $A\boldsymbol{x} = \lambda \boldsymbol{x}$ 等を用いて定理 7 を証明できます．

定義 9 直交行列による対角化

(実) 対称行列 A を適当な直交行列 P と λ_1, λ_2 を用いて ${}^tPAP = \begin{bmatrix} \lambda_1 & 0 \\ 0 & \lambda_2 \end{bmatrix}$ で表すことを A を直交行列を用いて**対角化**するという．

【例 10】

$A = \begin{bmatrix} 3 & -2 \\ -2 & 6 \end{bmatrix}$ を直交行列を用いて対角化する．

(解) 「例 5」により，固有値 $\lambda = 7$ に対する固有ベクトル $\begin{bmatrix} c_1 \\ -2c_1 \end{bmatrix}$ の中で，長さ 1 の固有ベクトル $\boldsymbol{e}_1$ は $c_1 = 1$ とおき

$$\boldsymbol{e}_1 = \frac{1}{\sqrt{1^2 + (-2)^2}} \begin{bmatrix} 1 \\ -2 \end{bmatrix} = \begin{bmatrix} \frac{1}{\sqrt{5}} \\ -\frac{2}{\sqrt{5}} \end{bmatrix} \quad (c_1 \text{ は 0 以外の任意の値を用いても同じ結果を得る．})$$

固有値 $\lambda = 2$ に対する固有ベクトル $\begin{bmatrix} 2c_2 \\ c_2 \end{bmatrix}$ の中で，長さ 1 の固有ベクトル $\boldsymbol{e}_2$ は $c_2 = 1$ とおき

$$\boldsymbol{e}_2 = \frac{1}{\sqrt{2^2 + 1^2}} \begin{bmatrix} 2 \\ 1 \end{bmatrix} = \begin{bmatrix} \frac{2}{\sqrt{5}} \\ \frac{1}{\sqrt{5}} \end{bmatrix} \quad (\boldsymbol{e}_1 \text{ と同様に } c_2 \text{ は 1 でなくとも同じ結果になる．})$$

$P = (\boldsymbol{e}_1 \ \boldsymbol{e}_2) = \begin{bmatrix} \frac{1}{\sqrt{5}} & \frac{2}{\sqrt{5}} \\ -\frac{2}{\sqrt{5}} & \frac{1}{\sqrt{5}} \end{bmatrix}$ とおくと ${}^tPAP = \begin{bmatrix} 7 & 0 \\ 0 & 2 \end{bmatrix}$ が成立する．□

▽付録2　3つの相関係数の検定についての数式

1. ピアソンの相関係数の検定

$$\text{統計量 } t: \quad t = r\sqrt{\frac{n-2}{(1-r^2)}}$$

2変量を x, y として，n 個の点を (x_i, y_i) $(i = 1, \cdots, n)$ について，
平均値を $\bar{x}, \bar{y}$，標準偏差を s_x, s_y，共分散を s_{xy} をとしたとき，相関係数 r は

$$r = \frac{s_{xy}}{s_x s_y} \quad \text{ただし，} \quad s_{xy} = \frac{1}{n-1}\sum_{i=1}^{n}(x_i - \bar{x})(y_i - \bar{y})$$

で求めます．

母相関係数 ρ としたとき，帰無仮説「$\rho = 0$」のもとで，統計量 t は自由度 $n-2$ の t 分布に従うことを利用します．

母相関係数 ρ の $100(1-\alpha)\%$ 信頼区間は次のように求めます．
確率 $100(1-\alpha/2)\%$ の標準正規分布 $N(0,1)$ の Z 値を $z(1-\alpha/2)$ とし，
Z_r, Z_ρ を次のようにおくと，

$$Z_r = \frac{1}{2}\log\left(\frac{1+r}{1-r}\right), \quad Z_\rho = \frac{1}{2}\log\left(\frac{1+\rho}{1-\rho}\right)$$

Z_ρ の $100(1-\alpha)\%$ 信頼区間は，

$$\left(Z_r - \frac{z(1-\alpha/2)}{\sqrt{n-3}}, \quad Z_r + \frac{z(1-\alpha/2)}{\sqrt{n-3}}\right)$$

となります．

$$\rho = \tanh(Z_\rho) = \frac{e^{2Z_\rho} - 1}{e^{2Z_\rho} + 1}$$

より，ρ の $100(1-\alpha)\%$ 信頼区間を求めます．

2. スピアマンの順位相関係数の検定

$$\text{統計量 } Z: \quad Z = r_s\sqrt{n-1}$$

2変量を x, y として，n 組のデータ (x_i, y_i) $(i = 1, \cdots, n)$ について，変量ごとに n 個のデータについて小さいほうから順位をつけます．同じ順位のもの（タイ）があれば，それらに割り当てるべき順位の平均をそれらに割り当てます．i 番目の組 (x_i, y_i) につけられた順位の組を (r_{x_i}, r_{y_i}) とします．タイがない場合はスピアマンの順位相関係数 r_s は

$$r_s = 1 - \frac{6\sum_{i=1}^{n}(r_{x_i} - r_{y_i})^2}{n^3 - n}$$

で求めます．

タイがある場合はスピアマンの順位相関係数 r_s は

$$r_s = \frac{\left(\sum_{i=1}^n r_{x_i}^2 + \sum_{i=1}^n r_{y_i}^2 - \sum_{i=1}^n (r_{x_i} - r_{y_i})^2\right) \times \frac{n}{2} - T^2}{\sqrt{n\sum_{i=1}^n r_{x_i}^2 - T^2}\sqrt{n\sum_{i=1}^n r_{y_i}^2 - T^2}}$$

$$\text{ただし，} T = \frac{n(n+1)}{2}$$

で求めます．
帰無仮説「2変量の間に相関はない」のもとで，統計量 Z は標準正規分布 $N(0,1)$ に従うことを利用します．

3. ケンドールの順位相関係数の検定

$$\text{統計量 } Z: \quad Z = \frac{r_k}{\sqrt{\frac{4n+10}{9n(n-1)}}}$$

2変量を x, y として，n 組のデータ (x_i, y_i) $(i = 1, \cdots, n)$ について，2対ずつ全ての組み合わせをとりだし，$x_i > x_j$ かつ $y_i > y_j$ と，$x_i < x_j$ かつ $y_i < y_j$ という同方向のケース数 P と，$x_i > x_j$ かつ $y_i < y_j$ と，$x_i < x_j$ かつ $y_i > y_j$ という逆方向のケース数 Q を計算します．また $x_i = x_j$ の数を t_i，$y_i = y_j$ の数を u_i とします．

ケンドールの順位相関係数 r_k は

$$r_k = \frac{P - Q}{\sqrt{T_0 - T_x}\sqrt{T_0 - T_y}}$$

$$\text{ただし，} T_0 = \frac{n(n-1)}{2}, T_x = \sum \frac{t_i(t_i - 1)}{2}, T_y = \sum \frac{u_i(u_i - 1)}{2}$$

で求めます．
帰無仮説「2変量の間に相関はない」のもとで，統計量 Z は標準正規分布 $N(0,1)$ に従うことを利用します．

▽付録3　ロジスティック回帰分析

目的変数 y が量的データではなく，2通り質的データで，q 個の説明変数は量的データでも質的データでもよい場合の目的変数と説明変数の関係を二項ロジスティック回帰といいます．

解析には数値化する必要があり，目的変数は「0」と「1」に置き換えます．説明変数が質的データで k 通りの場合「0」，「1」，…，「k-1」に置き換えます．

y を目的変数，$x_1, x_2, \cdots, x_q$ を説明変数とするとき，ロジスティック回帰では y があるカテゴリに属する確率 p を考えて，$\mathrm{Logit}(p)$ を1次式で表すこと，すなわち

$$\ln\left(\frac{p}{1-p}\right) = \mathrm{Logit}(p) = b_0 + b_1 x_1 + b_2 x_2 + \cdots + b_q x_q$$

という1次式を当てはめることを考えます．

求めたいのは $b_0, b_1, b_2, \cdots, b_q$ の具体的な値です．この値が求まれば，p について以下のように式を変換することで，確率を予測することができます．

$$p = \frac{1}{1+\exp(-z)} \qquad \text{ただし, } z = b_0 + b_1 x_1 + b_2 x_2 + \cdots + b_q x_q$$

最尤法

$b_0, b_1, b_2, \cdots, b_q$ の具体的な数値を求めるためには最尤法という方法が使われます．
いま，ある事象が発生する場合を $y=1$，発生しない場合を $y=0$ とします．ある事象が発生する確率を p とするとき，i 番目の事象に対して，次のような計算を考えます．

$$p_i{}^{y_i}(1-p_i)^{1-y_i}$$

これを，すべての対象について積を取った

$$\prod_{i=1}^{n} p_i{}^{y_i}(1-p_i)^{1-y_i}$$

を尤度，または尤度関数といいます．この尤度が最大になるようにパラメータ b_0 と b_i の値を求める方法を最尤法といいます．

積を和に変えるために，対数をとります．これを対数尤度といいます．

$$y_i \ln(p_i) + (1-y_i)\ln(1-p_i) \quad , \quad \sum_{i=1}^{n}\{y_i \ln(p_i) + (1-y_i)\ln(1-p_i)\}$$

Excel による回帰係数，対数尤度の算出

1. SUMPRODUCT 関数で回帰係数の初期値を 0 とした場合の推定値を求めます．

2. LN 関数使ってデータごとの対数尤度を算出します．最終的な対数尤度は SUM 関数で求めます．

3. エクセルの「ソルバー」という機能を使用します．「目的セルの設定」というボックスで対数尤度のセルを選択し，「変数セルの変更」ボックスには回帰係数の初期値 0 を入力していたセルを範囲選択します．「目標値」として最小値を選択し，「解決方法の選択」では「GRG 非線形」を選択します．「成約のない変数を非負数にする」のボックスにチェックが入っている場合はチェックを外します．最後に「解決」をクリックします．

4. 「ソルバーの結果」が表示されます.「ソルバーによって現在の解に収束されました.すべての制約条件を満たしています.」と表示されています.「ソルバーの解の保持」が選択されていて,「ソルバーパラメーターのダイアログに戻る」のチェックが外れていることを確認して「OK」をクリックします.

これによって,説明変数の回帰係数と目的変数の確率,データごとの対数尤度,最大化した -2 対数尤度が出力されます.

寄与率

求められた回帰式のあてはまりの良さを見るには寄与率を計算します.ロジスティック回帰の寄与率は次の式で計算されます.
最大化した -2 対数尤度を L_1,説明変数を含まない定数項だけのモデルにおける対数尤度を L_0 としたとき,

$$寄与率 = (L_0 - L_1)/L_0$$

目的変数の「0」の個数を n_0,「1」の個数を n_1,全体の個数を n としたとき,
$L_0 = n_0 \ln(n_0) + n_1 \ln(n_1) - n \ln(n)$ となります.
寄与率が高いほど判別精度が良いといえます.

赤池情報量基準(AIC)
$$AIC = L_1 + 2 \times (説明変数の個数 + 1)$$

AIC も回帰式のあてはまりの良さを示します.無意味な説明変数を使ったときには値が上がり,AIC の値が小さいほど望ましいと判断されます.

ベイズ情報量基準(BIC)
$$BIC = L_1 + 説明変数の個数 \times \ln(データ数)$$

BIC はデータ数が大きくなると,BIC の値の中でデータ数の影響が支配的になってきます.

回帰式の検定
$$統計量\ \chi^2: \qquad \chi^2 = -L_1 - 2L_0$$

帰無仮説「回帰式は無効である」のもとで,χ^2 値が説明変数の個数 q を自由度とする χ^2 分布に従うことを利用します.

標準誤差

最尤法で求めた目的変数が 1 になる確率を p'_i $(i=1,2,\cdots,n)$ とし,$-p'_i(1-p'_i)$ を y'_i とします.

行列 $\begin{pmatrix} y'_1 & y'_1 x_{11} & \cdots & y'_1 x_{q1} \\ y'_2 & y'_2 x_{12} & \cdots & y'_2 x_{q2} \\ \vdots & \vdots & \vdots & \vdots \\ y'_n & y'_n x_{1n} & \cdots & y'_n x_{qn} \end{pmatrix}$ の転置行列と行列 $\begin{pmatrix} 1 & x_{11} & \cdots & x_{q1} \\ 1 & x_{12} & \cdots & x_{q2} \\ \vdots & \vdots & \vdots & \vdots \\ 1 & x_{1n} & \cdots & x_{qn} \end{pmatrix}$ の積は

$(1+q) \times (1+q)$ の正方行列になります.この正方行列の逆行列を求め,対角要素の絶対値を 0.5 乗した値が標準誤差となります.
標準誤差は回帰係数の精度を表し,この値が小さいほど回帰係数の精度が高いことを意味します.

Wald 検定

回帰係数の有意性を確認するために用いられる検定です．
回帰係数を標準誤差で割ったものを2乗した値を Wald-square といいます．
回帰係数の検定は帰無仮説「$b_i = 0$」，対立仮説「$b_i \neq 0$」の検定 ($i = 0, 1, 2, \cdots, q$) で

$$\text{Wald-square} = \left(\frac{\text{回帰係数}}{\text{標準誤差}}\right)^2$$

が自由度1のχ^2分布に従うことを利用します．
回帰係数 b_i の $100(1-\alpha)\%$ 信頼区間は，標準正規分布 $N(0,1)$ の $100(1-\alpha/2)\%$ の Z 値を $z(1-\alpha/2)$ とすると，

(回帰係数 $- z(1-\alpha/2)$ 標準誤差 ， 回帰係数 $+ z(1-\alpha/2)$ 標準誤差)

となります．

オッズ比

p:「事象が起こる確率」 $1-p$:「事象が起こらない確率」で「起こる確率」と「起こらない確率」の比を「オッズ」といい，確率と同様に事象が起こる確実性を示します．
その事象がめったに起こらない場合，pが非常に小さくなると同時に，$1-p$も1に近似していきます．オッズを利用すれば，各説明変数が目的変数に与える影響力を調べることが可能です．
1つの説明変数が異なる場合の2つのオッズの比は「オッズ比」と呼ばれ，説明変数の影響力を示す指標です．オッズ比の値が大きいほど，その説明変数によって目的変数が大きく変動することを意味します．説明変数のデータ単位がすべて同じ場合はオッズ比によって寄与順位を摘要できますが，データ単位が異なる場合は回帰係数の比較はできません．
オッズ比は説明変数 x_i が1単位量だけ変化すると，オッズが何倍になるかを示す数値で，回帰係数を b_i としたとき，オッズ比は $\exp(b_i)$ になります．
オッズ比の信頼区間は回帰係数の信頼区間を $(a1, a2)$ としたとき，$(\exp(a1), \exp(a2))$ となります．

索　引

【記号・欧文】
Λ統計量　94
2次判別関数　86
F値　44
RMAX法　64
SMC法　64
WilksのΛ統計量　94
Y評価の標準誤差　33, 142
Walt検定　180

【あ，い，う，お】
アイテム　141, 148
赤池の情報量基準　33, 192
因子軸の回転　66
因子数の設定　65
因子得点の推定　66
因子得点ベクトル　64
因子の解釈　65
因子負荷行列　64
因子負荷量　52, 63
因子分析　63
ウォード法　124
オッズ比　180

【か】
回帰係数　180
回帰係数の検定　33
回帰式　32
外的基準　141, 148
カテゴリー　141, 148, 158
カテゴリー数量　142, 148

【き】
強制組込変数　44
共通因子　63
共通性　64
寄与率　52, 66, 110, 192
寄与量　66

【く，け】
組合わせ的手法　124
クラスター分析　123
群平均法　124
系列相関　33

決定係数　32, 142
ケンドールの順位相関係数　174
ケンドールの順位相関係数検定　174

【こ】
交差負荷量　110
誤判別率　78, 181
固有値　52
固有値問題　52, 65, 103, 109, 148, 158
固有ベクトル　52

【さ】
最小2乗法　32
最短距離法　124
最長距離法　124
最尤法　180
残差　32
残差分散　33
残差平方和　32
サンプル　158

【し】
市街地距離　125
実測値　32
斜交因子　64
主因子法（反復解法）　65
主因子法（非反復解法）　64
重回帰分析　31
重心法　124
重相関係数　32, 142
従属変数　31
自由度修正済み決定係数　32, 142
樹形図　126
主成分　51
主成分得点　52
主成分の考察　52
主成分の採用　52
主成分分析　51
冗長性指数　110
信頼区間　34, 173

【す】
数量化Ⅰ類　141
数量化Ⅱ類　148
数量化Ⅲ類　158
数量化Ⅳ類　162
数量化理論　141
スピアマンの順位相関係数　173
スピアマンの順位相関係数検定　174

【せ，そ】
正準相関係数　110
正準相関係数の検定　110
正準相関分析　109
正準判別分析　103
正準判別変量　103
正準判別変量の有意性の検定　103
正準負荷量　110
正準変量　110
説明変数　31
（線形）重回帰式　32
線形判別関数　78
線形判別関数（変数選択）　93
線形判別関数の係数の検定　79
全変動　32

相関係数の有意性　173
相関行列　52, 173
相関比　103, 148
相関分析表　173
ソルバー機能　180

【た】
ダービン・ワトソン比　33
第1軸　158
第1主成分　51
第1正準相関係数　110
第1正準判別変量　103
第1正準変量　110
対数尤度　180
第2軸　158
第2主成分　51
第2正準相関係数　110

第2正準判別変量　103
第2正準変量　110
多重共線性　33

【ち，て，と】
直交因子　64
デンドログラム　126
特殊因子　63
独立変数　31

【に】
二項ロジスティック回帰　180

【の】
ノンパラメトリックデータ　173

【は】
バリマックス法　66
範囲　142，148
判別分析−2群の判別−　77
判別分析−多群の判別−　93

【ひ】
ピアソンの相関係数　173
ピアソンの相関係数検定　174

標準（偏）回帰係数　34
非類似度　123，125
非類似度行列　123

【ふ】
プールした分散共分散行列　79、93
分散拡大要因　33
分散共分散行列　52，77
分散共分散行列の等分散性の検定　78
分散分析表　33

【へ】
平均　32
平均ベクトル　77，93
ベイズ情報量基準　192
（偏）回帰係数　32
偏差　32
変数減少法　44，94
変数選択　44，94
変数選択−重回帰分析　44
変数増加法　44，94
偏相関係数　34，142，148

【ほ】
母相関係数　173
【ま，み，め，も】
マハラノビスの汎距離　77，86，93，125
ミンコフスキー距離　125
メディアン法　124
目的変数　31

【ゆ，よ】
ユークリッド距離　125
ユークリッド平方距離　125
要因効果の検定　142
予測値　32

【ら，る】
ラグランジュの定理　52，109，148，158，163
類似度　123，162
類似度行列　162
累積寄与率　52
ロジスティック回帰分析　179
ロジスティック曲線　179

付録

＊　　＊　　＊

□ 参考図書・参考文献

1) 田中 豊・垂水共之・脇本和昌編：パソコン統計解析ハンドブック II 多変量解析編，共立出版，（1984）
2) 田中 豊・垂水共之編：Windows 版 統計解析ハンドブック 多変量解析，共立出版，（1995）
3) 柳井晴夫・高木廣文編著：多変量解析ハンドブック，現代数学社，（1986）
4) 奥野忠一・久米 均・芳賀敏郎・吉澤 正：多変量解析法（改訂版），日科技連，（1981）
5) 有馬 哲・石村貞夫：多変量解析のはなし，東京図書，（1987）
6) 藤沢偉作：たのしく学べる多変量解析法，現代数学社，（1985）
7) 池田 央編：統計ガイドブック，新曜社，（1989）
8) 柳井久江：4Steps エクセル統計（第5版）オーエムエス出版，（2023）

✥「Mulcel3」及びサンプルデータの利用登録とダウンロードの方法
　　Mulcel3 は 小社ホームページのダウンロード専用サイトからダウンロードしてください．

■ダウンロード手順
1，使用するパソコンから，https://www.oms-publ.co.jp にアクセスしてください．
2，「ダウンロード」から「エクセル統計−実用多変量解析編　Mulcel3 」のダウンロードページへ進んでください．
3，表示された画面に従って，ダウンロードリンクにお進みください．
4，ダウンロードの際に必要となるシリアル番号は下記記載のコードとなります．
5，ダウンロードの詳細およびご利用に於ける制限等の注意事項は小社ホームページの記述をご確認の上遵守してくださるようお願いします．

※ Mulcel3 のインストール・操作等，本書に関するご質問は，小社ホームページ（https://www.oms-publ.co.jp）の「ご意見・ご要望」欄までお願いいたします．

```
「エクセル統計−実用多変量解析編−第 5 版・第 1 刷」
「Mulcel3」及びサンプルデータダウンロード用
シリアル番号　 MW5BV39P0
```

エクセル統計−実用多変量解析編− 第 3 版

2005 年 7 月 25 日　初　版　第 1 刷発行
2014 年 5 月 25 日　初　版　第 7 刷発行
2022 年 11 月 1 日　第 2 版　第 1 刷発行
2025 年 2 月 1 日　第 3 版　第 1 刷発行

著　者　　　柳井 久江
発行者　　　新居 誠
発行元　　　(有)オーエムエス出版
　　　　　　〒203-0032　東京都東久留米市前沢 3-12-27
　　　　　　Tel & Fax 042-473-3386
　　　　　　URL：https://www.oms-publ.co.jp
　　　　　　振替　00150-4-150252
発売元　　　(株)星雲社（共同出版社・流通責任出版社）
　　　　　　〒112-0005　東京都文京区水道 1-3-30
　　　　　　Tel 03-3868-3275
カバーデザイン　　柳井 知子
印刷製本　　(株)立川紙業

□定価はカバーに表示してあります．

© 2025　オーエムエス出版
ISBN 978-4-434-35289-8
Printed in Japan